向美而生

终身美丽是一种信仰

杨皓然/著

中国经济出版社
CHINA ECONOMIC PUBLISHING HOUSE

图书在版编目（CIP）数据

向美而生：终身美丽是一种信仰 / 杨皓然著.--北京：中国经济出版社，2023. 12

ISBN 978-7-5136-7531-4

Ⅰ. ①向…　Ⅱ. ①杨…　Ⅲ. ①女性—修养—通俗读物　Ⅳ. ①B825.5-49

中国国家版本馆 CIP 数据核字（2023）第206013号

责任编辑　牛慧珍
责任印制　马小宾
封面设计　尚世视觉

出版发行　中国经济出版社
印 刷 者　香河县宏润印刷有限公司
经 销 者　各地新华书店
开　　本　710mm×1000mm　1/16
印　　张　11.75
字　　数　116千字
版　　次　2023年12月第1版
印　　次　2023年12月第1次
定　　价　128.00元
广告经营许可证　京西工商广字第 8179 号

中国经济出版社 **网址** www. economyph. com **社址** 北京市东城区安定门外大街 58 号 **邮编** 100011
本版图书如存在印装质量问题，请与本社销售中心联系调换（联系电话：010-57512564）

美是一种信仰

人的一切都应该是美丽的，这包括面貌、衣裳、心灵以及思想。对于一个女子而言尤其如此，你可以是朴素的，也可以是精致的；你可以是舒适的，也可以是惊艳的；你可以是小家碧玉似的，也可以是大家闺秀似的；你可以是温良贤淑的，也可以是大气磅礴的；你可以是自信勇敢的，也可以是端庄内敛的……总之，美有多种多样，从相貌、性格到品格，从知识、学识到认识，各有其美。

一个女子，长得美固然是一种幸运，但能够永远美下去才应该是她毕生的追求。

走过懵懂天真的少女时代，跨过活力满满的青年时期，应对压力重重的中年生活，最终成就优雅从容的老年时光……一路走来，足以见证一个女人的认真和坚持，足以想象一个女人对自己爱的执着，她们真正做到了向美而生，把美当成了自己一生最大的信仰。

这样的女子，内心一定住着一个美丽、执着的灵魂，它是把美丽进行到底的最终动力，带动自己不断完善自己，最终活成了人们心目中的女神。就像时尚“女魔头”香奈儿说的那样：“一个女人只有自律才能拿回属于自己的一切，因为重要的根本不是美貌本身，而是坚持美貌的能力。能一直美下去，才是一个女人的终极梦想；能一直美下去，才是一个女人能力的真正体现！这种能力就是一个女人的综合实力，貌美、型美、智美、德美、性美全方位的提升。”美丽的背后，包含着一个女人对自我、对生活、对人生的有效管理和掌控。

美是立体的、多元的，一般有以下五种类型：

（1）貌美：代表着人的进化基因。我们的大脑，本能地追逐美丽。当我们的眼睛欣赏到美丽的事物时，我们会感到愉悦。人们总会说，颜值党是肤浅的。其实，爱美的天性，是写在人的基因里的。据说才出生的婴儿，也喜欢看漂亮的人。貌美是第一张名片，是最直观的感受，会给人带来愉悦。

（2）型美：代表着健康与活力，是生命力的动态呈现。能够保持优美的体态，能够把控身材的美女都是狠角色。如果说貌美是近距离才能看到的美，那么型美则是人群中第一眼就能发现的美，型美的人会有鹤立鸡群的超脱感。

（3）智美：代表思考能力和不随波逐流的魅力。这样的女性，不会轻易被外界影响。她们看待问题会更加透彻、深入，更加接近真理。事实上，光有外貌没有智慧，充其量是个花瓶，外貌与智慧并存才能美得更有底蕴。不可否认，最终岁月会拿走一个人的貌美和型美，但却拿不走一个人的智美。

（4）德美：代表着一个女子的格局与知性。如果没有德做根基，那么美丽就会减损。心中有爱、有温暖，美丽就会多了层次与内涵。反之，缺少了德美的加持，美就会显得很肤浅。有美有德，才有底气。

（5）性美：代表着与人相处的最高能力。女性一生都在扮演各种角色，与周围的一切产生链接。具备人性美、女性美，在美丽的基础上从容地应对各种人际关系，才能美得淡定、优雅。

美不是当前流行的锥子脸和苹果肌，也不是快时尚和大品牌的选择，更不是基础护理和整形美容的纠结，这些顶多只是在好看与否的范畴内讨论。美，是一种更高级的哲学，也是一种更高阶的修炼，它是由内而外散发的一种吸引力，让你第一眼看到便被深深吸引。就像上等的美酒，必须历经时光的催化，才能生出美妙的滋味。

本书从女性的貌美、型美、智美、德美、性美五个方面诠释美丽，让美来得更全面、更多元，帮助女性实现美，把美变成一生的终极信仰。

目录

开篇　美是给自己的底气

下篇　美的信仰是和谐平衡

开篇

美是给自己的底气

给自己一个身价计算公式

女人的核心优势：内外兼修带来的综合价值

网上有句流行语是这样说的：好看的皮囊千篇一律，有趣的灵魂万里挑一。好看的皮囊不容易得，有趣的灵魂就更难得，如果二者得兼，那方才算得上是万里挑一，也绝对是一个人核心优势的集中体现。

说得残酷一点，如果你没有好看的外表，那么谁还能在意你的内涵呢？而光有外在的美丽，日久天长也会由于没有内涵而像失了香味的花一样。

好看的外在形象可以吸引人的目光，而有趣的内在却能够吸引人不断关注和探究，想要进一步了解、相处甚至携手同行。想要达到外在美好内在有趣，需要的是内外兼修。

“内”修的是心，体现在生活、学习、工作等方面，是一种自信和勇气，是虚心上进也是独树一帜，是只可远观的赏心悦目，也是近距离相处的温馨舒服；体现在兴趣爱好上，是能烹能煮的厨房高手为所爱的人洗手做羹汤，也是能弹能画的文艺高手说走就走地领略大自然；体现在自我认知上，是自己对自己的清醒认识和了解，知道自己是谁，做什么，有目标有追求，一路坚定地前行，不受世俗所左右，不怕别人的眼光，对自己有合理的规划，把生活过得从容不迫。

“外”就是通过各种手段和方法塑造外形，体现在穿着打扮上是得体大方，体现在妆容上是精致优雅，体现在言谈举止上是庄重典雅。

无论是内在的美还是外在的美，我们所追求的无非是想让自己更具优势。这个优势能保证我们从容不迫，能够按照自己想要的方式去实现自己的目标。

我接触过很多非常优秀的女性，她们不但实现了财务自由，还实现了让自己“越爱越美越高级”的人生理想。她们既能照顾家庭也有自己的兴趣爱好，如旅游、健身、画画、插花、运动……滋养自己的阅历与生活品位。她们在生活中不仅扮演好妻子、母亲、女儿等角色，还非常注重“女人”的角色，努力维护好这“天然的优势”，打造自己的“形象工程”。

她们不是“闲妻晾母”，她们是优秀的生活家、美食家、美容护肤养生专家，即使很忙也会抽出时间一边学习提升一边享受生活——学礼仪、学体态训练、出席读书会、参加各种走秀，找到和自己拥有相同价值观的圈子，拓展自己人脉的同时，让自己活得更有质量，更具优势和价值。

我一直认为，层次越高的女人越爱美，或者说高级感本身就是一种美。一个人的美不仅需要外在形象的体现，更是通过外在形象去提升内在的生活态度——对美的追求，对自己身价的提升，对想要活出不一样人生的向往。

在形象方面，杨澜在访谈节目中分享过自己的故事：她在国外留学时因为穿着随意不在意形象，而被房东嫌弃，被面试官拒绝，甚至被一个穿着得体、优雅的陌生人提醒。杨澜说：没有人有义务必须透过连你自己都毫不在意的邋遢外表去发现你的优秀内在，你必须精致，这是女人的尊严。

虽然我们一再强调，不要过分关注一个人的外表而忽视了其内在的品质，但我们也要认识到，一个人的形象是给人最直观的感受，是一张打开世界的名片。

人们对于美好的东西往往会生出更多的善意，人们往往通过一个人的外在去猜想和推测这个人的内在，这是人的本能。一个热爱生活的人，先由外而内爱上自己，然后才能热爱生活；一个连自己都不爱的人，怎么可能热爱生活，不让自己精致又何谈去过精致的人生呢？

某电视台为了印证“这是个看脸的时代，女人的好形象是核心优势”而做了一期活动。找来一个女孩当志愿者，第一轮测试是用化妆术把这个女孩化妆成了一个特别丑陋的人，让她以丢了钱包、手机没电为由，站在繁华的 CBD 中心大街，拦路找男性借钱。测试结果是只有一个男性借给了她 100 元（是出于同情）。第二轮测试，同样是这个女孩，用化妆术把她化妆成了一个美艳的少女，同样的地点，同样的理由。测试结果是漂亮女孩借到了 1500 元，她向 20 个不同年龄段的男性开口，结果每个人都显得慷慨大方（是出于对美色的喜爱），甚至还有一部分人主动加了女孩微信，并表示借给女孩的钱可以不还。

事实证明，人人都喜欢“好颜色”“好脸色”。大千世界不仅男人好色，女人同样好色。不然，去街上随机采访一些女性看看，她们一定喜欢帅哥美女，看脸好色，是人的一种本能。

美的事物让人产生愉悦感，能够获得精神层面的享受。因此，文人、画家总是把“美人”“美景”“美物”作为创作的对象与主题。对于一个人来说，其外貌是他人与其接触时能获知的第一层信息，如果这个人的外貌是美的，自然而然能让那些陌生人产生好感。

就像香奈儿说的那样，一个女人不能亏待自己，随时把自己打扮得精致些，这是对自己的奖赏。爱美的人，注意自己形象的人，总是由内而外散发出一种美好的、积极的、向上的气质，拥有了这种气质的人，生活会更积极。一个爱美的女人很少抱怨世界不公，很少说不想活了之类的消极话。她们活得潇洒又自如，是自己命运的主宰者。

经济学家丹尼尔在他的著作《相貌的溢价：为何俊美人士更加成功》中详细讨论了“看脸”这一有趣话题。他列举了关于“美貌人士”的多条经济学现象。我们简单看几条：

在评价一个人到底是不是“美女”或者“帅哥”的时候，文化背景、种族、年龄这些都不会影响我们的判断——这意味着，好看的人就是好看，谁看都差不多。

最漂亮的女性比普通人多挣 8%，而最性感的男士则能多赚 4%。而悲哀的事实是：在相貌排行中垫底的 15% 的女性，其工资比平均工资少 4%，男性则要少赚 13%。长相平常的女士选择待在家里而不是工作的概率比美女要高出 5%。“自我选择”使得那些赚钱能力不佳的人选择待在家里，而相貌不佳的女性留守家中的概率更高。

被评为“极不好看”的年轻人比同龄人实施抢劫、偷窃、袭击等犯罪行为的概率高得多。

可见，长得好不好已不再是让人看得顺眼不顺眼这么简单的事情，而是上升到了经济学范畴。

这种经济学范畴意味着一个人拥有好形象，在工作或生活中会更有机会，相应地，也会产生更多的经济回报。

女人的吸引力：赚钱、读书、变美

我们时常用活色生香形容一个女人。“活色生香”的美女是怎样的呢？

她们穿搭靓丽、踩着高跟鞋、出入5A写字楼、走路带风，气场强大到不需要男人。

她们坐在自家干净舒适的沙发上，静静品读自己喜欢的书籍，调制一杯美容养颜的花果茶，自在闲适。

她们走在明亮的购物中心，挑选自己心仪的服装和配饰，与闺密谈笑风生，逛逛逛买买买，用美物装扮自己。

她们自在地享受全身SPA、脸部美容护肤、身心调养，让自己放松和享受，把车水马龙的喧嚣都隔绝于外。

她们是生活家也是感知美的艺术家。

想要成为这样的女人，需要有三个条件：赚钱、读书和变美。

赚钱、读书和变美相辅相成，先有了经济基础，才有变美的实力和读书的闲情雅致，反过来有了知识的武装，更容易生发赚钱和变美的能力，再反过来，女人变美才能更有赚钱的能力和读书的兴趣。

对“活色生香”的女子来说，钱是底气，美是底线，读书才是成长力。自己的命运不再是简单的二选一，她们会有更多的选项和更出彩的人生。她们不用取悦别人，只用取悦自己。

拥有了赚钱的能力、变美的能力和提升自己的成长力以后，女人才能让自己变得真正强大起来，而这种强大对外来说是一种超强的吸引力。

赚钱是基础，只有凭自己的能力赚钱才能毫不犹豫买下喜欢的衣服，想做个美容养生也不会望而却步；遇到喜欢的人，可以和他肩并肩，而不是依附或过手心向上的生活；遇到家人生病时，有能力负担；有了赚钱的能力才有说走就走的自由，才能在烟火生活中寻找诗和远方。最关键的是有了钱就会有很多选择的余地，有对不喜欢的人和事说“不”的权利。

有一句话说得很刻薄：男人一向很专一，20 岁的时候爱 20 岁的女人，40 岁的时候还是爱 20 岁的女人，60 岁的时候依旧爱 20 岁的女人。过了 20 岁花样年华的女性朋友们，听到这个半真半假的冷笑话时，我们会怎么想呢？20 岁的生理优势自然是不容易抗衡的，但却可以超越，无论哪个年龄段，女人的美都来自红尘中的修炼以及不服老的精神。无论哪个年龄段，能够支撑女人活得独立、潇洒、精彩的东西就是智慧和金钱了。金钱来自赚钱的能力，智慧则取决于读过的书。

读书对于女人是加持，若有诗书藏于心，岁月从不败美人。读万卷书行万里路，读过的书走过的山水，终究会藏在一个人的灵魂里，成为一个人精气神的一部分。爱读书的女子，活得通透，知识会成为她们另一种高级的化妆品，她们会眼界开阔，举手投足间流露出自信和从容。

变美意味着有了更大的竞争力——职场上可以脱颖而出，家里可以处理好各种关系。最重要的是，变美是女人给世界的一抹亮色，这抹亮色不仅悦人还悦己。

内外兼修的女子，通常都积极乐观，热爱生活也热爱自己。她们不愿意将就着过人生，所以，努力地让自己活成热气腾腾的样子。变美是一种姿态，更是一种生活方式。

在这个社会，要做一个美女不难，只要没有天生的重大缺陷，减减肥，化化妆，做做微整都不会差到哪儿去，更何况还有那些高科技；要做一个才女也不难，正常读书到大学，再有点特长和爱好，平时广泛涉猎书籍就能达成。但是要做个既善良可爱又知性智慧的女人就很难，这个需要天性、生长环境和不断的修炼，需要既有把自己修炼成女王的赚钱能力，也有智慧和变美的自信。当一个女人有钱有颜还能成长，那才是真正的开挂啊！当一个女人变得如此优秀的时候，她还能没有吸引力吗？

女人的境界：拼气质、拼实力、拼背景

有个网络热词：拼爹，指的是年轻人不管在求学、工作还是买房子、出国深造等方面比拼的不是自己的能力，而是自己的父母。有个实力雄厚的家庭确实重要，在很多时候会让人活得轻松。无论谁，有爹可拼都是幸运的，假如没有呢？那么理所当然就要拼自己，女人尤其如此。当一个女人能够拼自己的时候，她的境界和魅力就显现出来了。

拼自己，不外乎从气质、实力和背景三个方面着手。

先说气质，好看的容颜易得，优雅的气质却不易得，因为一个人的气质是由其成长的经历、读过的书、走过的路、接触过的人共同组成的，所以，有没有气质是衡量一个女人有没有可拼资本的基础。

气质是什么呢？是自信、沉稳，是该庄重的时候庄重但又不失风趣，谈吐有致，珍视自己的生活，热爱身边的人，能打造温馨的家庭，不做物质的奴仆；能从容淡定地度过每一天，但也有一丝让人捉摸不透，她们懂得丰富自己，有能力过上有格调的雅致生活。没有人天生就是优雅的，成长背景不重要，与自己有多少钱无关，别人能否理解自己也没关系，唯一重要的是，女人要具备改变自己的能力和心态。风度、格调，以及优雅的举止，都靠后天习得。女人一旦拥有了改变的能力，也就向拥有气质迈出了最关键的一步。

到了一定的程度，气质好似从骨子里散发出来，透着一丝神秘感，不过人人都能凭直觉看出这种气质。

什么是实力呢？女人的实力，不是车子和房子这些有形的物质，而是能够过好日子的能力，是无论嫁给谁都能找到像大树扎根于泥土般的安全感。再或者是哪怕失去了婚姻，也能靠着自己活出另一番天地，不卑微不亢进，能够放自己一条生路。当一个人靠实力说话时，整个人都会变得闪闪发光，时光只会变成礼物，而不会让人觉得浪费了人生。

每个女人都想拥有雕琢于心的涵养和魅力，但不要因为“没时间、听不懂、浪费钱”的原因提前放弃了自己。女人可以为爱、为家庭付出九分，但一定要为自己保留一分。不要因为生活琐碎停止修炼自身，放弃自己立身的本领和能力。只有这样，才能无论发生什么变故，都有底气面对一切。不管嫁给谁，都有可进可退的可能。这也是保存自己实力唯一的方法和途径。永远不放弃自己，永远要让人有“要么不出手，要出手就是王炸”的惊艳，这就是实力。

什么是背景呢？女人的背景不是嫁给了富二代，甚至傍上了大款，再或者是有富一代的爹妈，而是通过自己的努力变成了富一代，自己成了大款。

人需要对自己抱有期许，相信自己很宝贵，这很重要。人才，首先自己得认为自己是个人才，这是奔向不寻常人生道路的起点。信念推动理想的实现，生活才能更加游刃有余。女人要靠自己活着，而且必须拥有自己的事业，哪怕小小的，也是女人立足社会的基础，也是形成自身“生存支援系统”的基石。这才是一个女人最重要的背景。

当一个女人具备了气质、实力和背景时，就会显得“性感美丽”。就像奥黛丽·赫本说的那样：“性感的内涵远比尺度要丰富。我不需要在卧室里展现我的女性气质。即使是爬到树上摘苹果，或者静静地站在雨中，我也可以一样性感。”

我的客户小梦是个比较传统的女性，她离婚三年后才从阴影中走出来。她是一个自主创业品牌的CEO，在全国有十多家连锁店。个人身价过千万，但她起初并不爱自己，一次失败的婚姻让她把自己封闭了三年。

后来通过参加心理辅导和身心认知锻炼，她变得越来越美。在一次外出游学的时候她认识了同样离异的Z先生，经过一段时间的相处，小梦第二次走进婚姻，两个人不但在经济实力上旗鼓相当，在精神上和生活中也互相鼓励。小梦是变美路上的践行者，Z先生是健身房的常客。用她的话说，女人除了要做好护肤，还需要丰富自己的内心，活得漂亮。经济独立和思想独立是相互作用的，经济独立能保证思想独立，思想独立能强化经济独立。

所以，女性不要给自己设置藩篱，内心有信念就勇敢去追求。错了不可怕，不断试错再总结经验从头来过才是勇敢的女性。当一个女人有了气质、实力和背景时，就活出了境界。

你有权利成为珍宝

那些成为珍宝的人都做了什么

《红楼梦》中的贾宝玉形容女子说：女孩儿未出嫁，是颗无价之宝珠，出了嫁，不知怎么就变出许多不好的毛病来，虽是颗珠子，却没有光彩宝色，是颗死珠了；再老了，更变得不是珠子，竟是鱼眼睛了。

这样的言论是对现实生活的反射，每个女子都希望或者说最初都是父母的掌上明珠，理应被一生呵护与疼爱，但残酷的现实却是，女子越活越不闪亮，失去了掌上明珠的特质。在家里，应对不了孩子，管理不了老公，越来越油腻的体态和相貌，心疼流失却又无力挽回的青春，让很多女子从原本的美丽宝珠变成了死鱼眼睛，不再发散光华反而成了无用之珠。没有了激情洋溢的青春，把自己逼进一个又一个不想接受的死胡同，对生活毫无招架和还手的能力。

其实，很多女子只是蒙尘的珠宝，是她们自己藏起了光芒，只有你将自己视为珍宝，生命才能视你为珍宝。

那些成为珍宝的人都做了什么呢？

首先，爱自己。

一个不爱自己的人怎么可能被别人爱呢？中国的很多女子由于国情和历史传承的价值观而成为牺牲型和奉献型的人。前一种是兢兢业业相夫教子，任劳任怨操持家务；后一种是虽然不想受家庭束缚，不想把自己拴在灶台边，但又无力挣扎，既不任劳又不任怨。无论是哪一种，在我看来都是不爱自己的表现。

爱自己，允许自己有更多精彩，不只是个家庭主妇，不只是个职场白领，还可以是时尚女王，可以是美容圣手，可以是运动达人，可以是交际高手……当一个女人有了更多的圈子时，就会对生活少很多抱怨或者不满。当接触的圈子越来越广时，自己就能得到更广泛的提升，无形中放大了自己的格局。奥黛丽·赫本美得纯净也善得纯粹，她不仅是明星，也是慈善家。她的婚姻并不是从一而终，她并没有把爱情和婚姻当成唯一，也没有因为爱情和婚姻让自己陷入慌乱和危机。她也不是青春永驻，只是随着年龄的增长越来越美，消失的是青春活泼的少女感，沉淀的却是优雅高贵。

所以，女人要经常问自己几个问题：你是用你喜欢的方式来爱自己吗（比如你本来不喜欢做某件事，是为了迎合别人而违心做的）？你每天照着镜子欣赏自己吗？赞美过自己的每一寸肌肤吗？你爱惜自己的身体吗？你会为了这个身体而付出时间去打理、去调养吗？

其次，爱伴侣。

爱自己是基础，在这个基础上再去爱自己的另一半。当然，爱自己的另一半不是无原则地容忍对方，失去自我地迁就对方，而是守住自己的底线去爱对方。只有这样，对方才会视你为珍宝，才会用心去疼你、爱你。

不要一味迁就男人而丢了自己。有些女人觉得一个家里男人才是“天”，只有“天”才配得上名牌衣服，自己只是别人的附属品，只配买廉价物品，甚至放弃自己的喜好来满足男人的要求。这样看似爱别人，实际上爱得没有尊严和原则，对方不但不会领情，而且还会无情，总有一天会说出“你就不能好好打扮自己吗？你看谁谁谁衣服精致，身材曼妙”。所以，留五分爱自己，男人才会视你为珍宝，你才会因为平等对待的爱，而对生活生出更多自信与底气。

不要无条件付出。婚姻是合伙关系不是雇佣关系，所以彼此的付出需要对等和平衡，如果你无条件付出，对方就会习惯了这种付出而认为理所当然，就像一个习惯了饭来张口衣来伸手的儿子，又怎么能轻易对妈妈的付出产生感恩和回馈。不带贬义地说，很多男人在女人面前就像一个成人版的“儿子”，如果女人再无条件付出，那只能惯出一个不能给自己遮风挡雨的“巨婴”。

不要无止境地原谅和宽容犯错的男人。虽然说浪子回头金不换，但也得看这个“浪子”浪的本质是什么，如果犯了严重的错误，女人就不能无止境地原谅和宽容。女人对男人仁慈就是对自己残酷，该对男人狠一些还是要狠一些，守住自己的底线才能得到别人的尊重。

要学会用智慧去爱。要充当“男人春风得意时的一条鞭子”，当男人取得了一些成绩而得意忘形的时候，要适时地给予提醒和鞭策，告诉对方高调做事低调做人。要充当“男人穷困潦倒时的一根柱子”，爱对方的人品大过钱财，尤其当男人一时穷困之时，不要急于逃离，而是给予其支持和依靠，让他重拾奋斗的信心。要充当“男人饥肠辘辘时的一把勺子”，发现男人遇到困难时，有给予他温暖的勇气和力量，让他从你身上获得能量。

当一个女人学会了爱自己并能够有智慧、有原则地爱别人时，她就学会了独立、坚忍、自爱、温暖，那她无论在自己的眼里还是别人的眼里，都是熠熠生辉的珍宝。

越爱越美越自由

如果问大家，为什么要追求美？可能答案会有很多，比如颜值就是生产力，长得美有更多机会，美是社交时最直接的名片，美能带给一个人自信和勇气……这些答案归到一起，传导了一个理念：美能带给人更多的自由。

美不仅是脸上有充足的胶原蛋白，不仅是凹凸有致的好身材，也不仅是顾盼生辉的传情眉目。美更是淡然自若、不忆前尘不惧未来的气度，这种气度就是自由。那些越来越美的女子，从不惧年岁，从不过多留恋年少时光。她们会把自己活成一道风景，提着精致的包，踩着优雅的高跟鞋，活出很多女人憧憬的姿态……不骄不躁，不卑不亢，不虚荣，不攀比，享受着岁月赋予她们的徽章——美丽与智慧。

美丽的女人拥有三件东西：自信，勇气，智慧。同时，美丽的女人可以义无反顾地扔掉三件东西：不爱的男人，没有价值的护肤品，堆在衣橱里不穿的衣服。这种女人无论怎么斗转星移，她们都能在尘世中活得超凡脱俗。她们活着不只是为了男人和家庭，而是实现自我价值，努力保持自己最美的少女心，大胆去做自己想要做的一切。

我本人很佩服那些自由的女性，她们把家庭照顾得很好的同时，也能把自己的事业做得有声有色，而且还能活得很优雅、精致。在我看来，家庭、事业、美丽同时兼顾的女子是神一般的存在。因为在我们国家，女性的选择有局限，或者说还没有绝对的自由。选择成为一个职场女性，可能要面临生活的压力。选择回归家庭，很可能是迫于有钱老公的压力，甚至是迫于婆婆的压力。无论是选择职场还是回归家庭，都需要有一颗自由选择的心，而不是被逼无奈。就像有句话说的那样：真正的自由不是你想做什么就做什么，而是你不想做什么就可以不做什么。

姚晨曾经在《星空演讲》中说过一段话："这些年我常被问到一个问题：你是如何兼顾事业与家庭的？我一直很困惑，为什么没有人问我先生同样的问题。这个时代对女人要求很高，如果你选择作为一个职业女性，就会有人说你不顾家庭，是个糟糕的母亲。如果选择成为全职妈妈，又会有人说，生儿育女是女人应尽的本分，这不算一份职业。"

可见，这个世界对女人并不宽容。所以，如果女人能够将职场和家庭处理平衡，那就是一种能力，也是一种体现自己魅力的态度。这种态度也和美脱不了关系。试想，如果不美怎么可能在职场得心应手？外在形象、工作能力、人际关系相处、职场晋升都是美的范畴。试想，如果不美怎么能够在家庭中保持弹性？孩子、家务、生活处理得好也是美的范畴，要不然就会抱怨孩子和家务让自己活成了黄脸婆，抱怨丈夫变成了白眼狼。一个美丽的女人能够做到陷在家务和孩子中却依然自在，能够活成孩子的榜样，能够照护男人周全。职场是战场，家同样是战场，美丽的女人可以是身经百战的女强人，也可以成为身披铠甲的贤内助。

女人不能决定什么时候遇到什么样的人，是否会幸福。因为即使遇到你认为的白马王子，也可能因为你的修为和魅力不够而吸引不到对方。因此女人要修炼自己，要不断提高自己的修养和魅力，要保持内在的健康和活力。当遇到不好的婚姻时，也需要有结束错误的勇气和重新再来的自信。

生活中不怕犯错，只要敢于在犯错后重来，自己就是女王范儿。

给大家八卦一下西班牙王妃的黑历史：平民出身，离过婚，拍过裸照，还交往过几任男友，但是王妃依然是西班牙最受欢迎的王妃。王子都娶了二婚的王妃，你又不用嫁王子，还怕什么？

请记住，生活的勇者才会犯错，弱者只会害怕犯错。成功与否不重要，关键是你是否还有生活的勇气，以及不断在痛中领悟、自我修炼的信心。

人山人海，边走边爱，爱自己，爱他人，内心拥有一份笃定，才能越爱越美越自由。

富养自己，活出美丽资本

每个女性都应该问自己这样一个问题：“作为女人，自己想要什么？”答案是多种多样的，比如希望自己活得年轻靓丽，活得轻松自在；希望自己拥有幸福美满的婚姻、温馨的家庭。拥有这些的前提是，不但要生得漂亮，还要活得漂亮。生得漂亮和活得漂亮都等于富养自己。不因熬成黄脸婆而被别人嫌弃，也不因过手心向上的生活而让人不满。

相貌上的漂亮不是每个女子都拥有的，内在的那种宠辱不惊才是女人一生中最大的资本。作家苏芩曾说，“女人就是要富养自己。你身上所有的焦虑和戾气，都是亏待出来的。不想被俗世浸透，那从现在开始，先爱上自己。我们要对自己足够好，才能一直优雅到老。”

你亏待自己，就会给别人亏待你的机会；你富养自己，生活就会富养你，不亏待你。富养自己，才能让别人看得起自己，才不会被亏待，才能配得上任何美好的东西。

美丽的东西不容易长久，容颜和青春也是，等到年华老去，天然优势将不复存在，那靠什么获得外界的青睐呢？我们留不住青春，但可以借由富养自己放慢青春流逝的脚步，我们不能保持永远年轻，但可以通过富养自己使自己看上去比同龄人年轻。

富养自己的女人，她的人生状态非常让人羡慕，那就是岁月让年龄增加，却让内心逐渐通达，明净纯粹像个孩子。而这份纯粹一定不是单纯和幼稚，而是成长以后回归的更高境界。

在我们的客户里，有一个气场强大的女子，每个接触过她的人都很喜欢她那种大气的感觉。她是一个全职妈妈，也从相夫教子、尿片奶瓶的单调生活中走过，但她没有觉得生活沉闷和单调。等到孩子不用把她全部拴住的时候，她成了我们这里的常客，同时，她还是个健身达人，从健身学员提升到了四个健身场馆的教练。然后她觉得这种生活体验够了，于是又换了身份，自己创业当老板，五年挣下三套豪宅。过足了富婆的瘾后，她又开始世界各地游学，真正是千帆阅尽，最后摇身一变成了万人迷主持人。用她的话说，每一个经历都是听从内心的召唤，觉得自己想去做就去做了。有开始有结果，不渲染过程，也不给别人灌励志鸡汤。我想，这就是她由内而外散发出来的魅力——不断追求生命的成长。

我很崇尚时下很流行的一种观念——女人生命的保鲜来自对自己的富养。具体要富养什么呢?

富养自己的面容

美丽的容颜是一个无声又让人惊艳的名片，好好护理自己的面容是对自己的爱，也是对别人的尊重。人与人交往的第一环节，往往始于颜值，然后才有后续的爱其才华、忠于人品。干净美好的容颜，是女人的第一重魅力，也是女人手里的敲门砖，可以敲开事业之门、爱情之门、交际之门。

富养自己的身体

人生何其短暂，无论上半场还是下半场拼的都是过硬的身体，年轻时靠好身体学习和工作，年老时靠好身体安享时光。珍惜和富养自己的身体，就是让自己永远有在这个世界生存的资本。所以，富养自己的身体就是不要强迫自己去做超出体力的事情，不要为了一些事情委屈自己的身体。要尽最大可能调理自己的身体，使其达到最健康平衡的状态。

富养自己的精神状态

言为心声，腹有诗书气自华，这些讲的都是一个人内在的精神状态反映于外的事实。外表是一个人的门面，而精神状态则是推开门看到的内在世界，富养自己的精神，才能让自己快速升值。多读书，多出去走走，开阔眼界，还可以增长阅历。精神上富足才能不为苦而悲，不受宠而欢，寂寞时不寂寞，孤单时不孤单，于喧嚣尘世做到自尊自爱自强自立。

富养自己的观念

人与人的不同，本质上是观念的不同，背后是对待人和事的价值观的不同。富养自己的观念就是努力让自己变成正能量的人，先从受害者思维中跳出来，凡事不再委曲求全，也不再一忍再忍，有底线有原则，有自己为人处世的方法和技巧，不人云亦云也不左顾右盼，坚守自己认为对的东西。在这个百花齐放的时代，每个人都有自己的主场。

富养自己的财商

我认为一个女人要想活得好，离不开高财商。财商一方面代表赚钱的能力，另一方面代表花钱的能力。有的人很能赚钱，但并不代表会花钱。常常表现出来的是，要么钱花不在刀刃上，要么花了很多钱却并没有体现出与消费水平对等的品位。所以，会赚钱是女人拥有生存底气的基础，会花钱却是一个女人富养自己的根本。财商就是挣钱有能力，花钱有本事，如何把自己的收入合理地用在自己身上，是每个女人都该学习和掌握的。

女人，要富养自己，保持对生活的好奇和敬畏，保持对自己的善待和爱护，让自己处于持续学习的状态，让自己处于不断变美的状态，每天进步一点，宽容别人也宽容自己，活得通透又美丽。

女人通过多方面富养自己，才是真正的宠爱自己，而只有宠爱自己，生活才会宠爱你。

女性美代表中国美

女性美的社会价值探讨

考量人类文明程度的一条标准就是对美的认可和对女性的态度。这也是衡量一个人的道德水准、文化教养程度的尺子。如果社会落后，那么对美的认识就停留在很粗浅和原始的层面上，比如，原始社会把女性生育能力强看成是美的标志。随着社会的发展，也有过以胖为美、以裹小脚为美的现象，再后来，对于女性美的认识有了新的高度，美不仅仅是外表让人看着赏心悦目，内在独立、勇敢等也被划进了美的范畴。

回顾历史发展，对于女性美的认识也在不断变化，封建社会以农耕文明为主导，强壮的男子在自然条件下社会生产力较高，如此一来，男子就有了更高的地位，男人的力量就是一种美，而女人三从四德才是美，大门不出二门不迈才是美。到了现代文明社会，女性开始独立和自由，女性不再处于附属地位，更多女性有了话语权和属于自己的舞台，女性美也有了新的内涵，除了生育能力之外，工作能力、社交能力、对一个家的付出等，都是现代女性的美。

在家庭里，女性承担着生命的诞生、养育及让生命快乐美好的责任。在职场中，女性承担着更细致完成工作的责任。这份独特的价值，就是女性的美，这种美已经被社会认可和尊重。

女性的价值正在进一步提升，很多优秀的女性，比如外交界的华春莹、姜瑜等，格力电器的董明珠、华为公司的孙亚芳和阿里巴巴的彭蕾，媒体人杨澜、陈鲁豫、董卿、谢娜，她们都展示出了独具特色的女性美。

从哲学的角度来说，女性美的社会价值体现在很多方面。

第一，女性美体现的是上善若水的柔韧和绵延不绝的玄妙。女性温暖体贴、亲切善良，像涓涓细流润养万物而无声。老子在《道德经》中都说过，天下没有一样东西能比水还弱，但任何能攻坚克难的东西却都不能胜过水，世上再没有别的东西可以替换它，也再没有比它力量更大的东西。生养天地万物的道（谷神）是永恒长存的，这叫作玄妙的母性。玄妙母体的生育之产门，如同天地的根本，连绵不绝。

第二，女性美体现的是坚强的养育之美。女性肩负着孕育生命的使命，这份使命使女性更加坚定，既要承受生育之苦难又要具备抚育之耐心，并且负责一个生命的成长。唯有母亲是最坚强的，唯有母亲能默默地承受一切困境，并永远都在坚定地将孩子和家从困境中拖出来，为家庭、家族营造更多的幸福和自由，也为社会的安定贡献不可磨灭的力量。有句话形容女性“推动世界的手就是推动摇篮的手”，并不是过誉而是实实在在的对女性美的尊重。

第三，女性美代表的是优雅的精神之美。世界上假如没有了女性，会失去七分美、三分真和五分善。这种精神是与人为善的谦和，是付出、包容、坚韧，是对家庭稳定的责任感。因为对丈夫、对孩子、对家庭的爱和奉献，很多女性能够牺牲自己顾全大家，体现了她们的精神之美。这种精神之美对内增强了家的内聚力，对外促进了社会的稳定。我们在日常的生活中，要与孩子一起去感受母亲的优雅和美感，赞赏和享受这份独特的精神之美，并为自己美丽的母亲而骄傲、自豪。

第四，女性美代表的是智慧之美。有大智慧之人往往谦和低调，包容柔顺，就像老子的道之理念，道是柔弱的，所谓“弱者道之用”“天下之至柔，驰骋天下之至坚”“天下莫柔弱于水，而攻坚强者莫之能胜”，柔弱是能够胜过刚强的。老子还说“静为躁君”，静能够阻止急躁，急躁要受静来控制，实在是太美妙了。所以，如果我们的女性朋友真的拥有老子所说的那种柔静之美，那就是真正的大美。天下最有力量的人是谁?是女性，因为女性经常以柔弱战胜男性所谓的“刚强”，女性的柔静像水一样居于下而利万物。老子的道理讲得深刻，同时也向我们证明，一个善倾听、善包容、安静不躁的女子，就是智慧美的化身。

第五，女性美代表的是和谐平衡之美。无论是自然界的阴阳平衡还是男女之间的天地乾坤，都离不开女性。女性太弱或太强都会导致家庭失衡，小家庭不平衡社会则不稳定。一个家庭因为有了女性才有了真正的幸福与快乐，也才有了家的安定，家安则天下安。

总之，女性美有母性的崇高，也有柔静的哲思，在平凡中体现着伟大的品性和精神，这是每个女性的殊荣，也是其社会价值的充分体现。

美，是全人类共同追求的目标

回望人类的进化和历史发展，推动人类文明的进步离不开人们不断提升的审美能力。人们从穿草裙、树叶的原始状态开始，到穿着美丽舒适的衣服，对美的要求不断提升。最初认为女性能生育即为美，后来认为赏心悦目才美，最后发展成为生活在世界上的女性要带动更多的美。从裸身露体到服饰搭配的审美变化，人类一直在进化，对美的追求不断迭代。

人因为爱美，而不断地寻美。在我看来，美是可以定义的：人的一生中所遇之事，凡能引起愉悦感觉的事情，即是美。而引起愉悦感觉的事情除了大自然、艺术，就是美女。

美丽无国界，爱美之心人皆有之，靓丽的女子，令人赏心悦目，就连古诗经文都言“窈窕淑女君子好逑”。即使后来有了“丑妻是宝”这样的言论，也仅仅是说没有出众的容貌，但丑妻之所以是“宝”是因为丑妻的贤惠与淑德，品德更是“美”的范畴。如果仅仅有姿色，没有品德，那与“美”也差之千里。

美是人类共同追求的目标，我们看看不同国家对美丽的女性持怎样的看法。

墨西哥人认为美丽的女性首先是粗犷的，他们的饮食粗犷，所以对美的态度也是如此，女性的美艳绝伦首先取决于有一个完美的“大翘臀”，如果别的国家以丰胸为美，那么墨西哥则以丰臀为美。对于当地的人来说，一个美臀首先代表的是健康和生育能力，而且还是当地特色舞蹈中最具表现力的身体部位。没有一个丰满的屁股，长得再俊也是打折扣的。

伊朗的人认为一个人真正美丽的部位是鼻梁，虽然他们不具备希腊人的高鼻梁，但也绝不是塌鼻梁，但每年依然会有很多人去医院做鼻梁增高手术。虽然伊朗女性的地位还不是很高，但近年来，很多女性开始为自己的变美积极行动起来，虽然还不至于像别的国家那么自由，但隆鼻整形已经完全开放，也深受当地女性的青睐。

英国人认为美丽的女性应该妆容精致，头发梳理得考究，着装风格典雅有气质，否则即使拥有好身材，一脸素颜也不会被认为是美女。他们更喜欢看到用妆容、服装、饰品打造出来的“气质美女”。英国人不太喜欢原始的，像美国和法国那样牛仔、帆布鞋的装束。对于英国人来说，什么自然美女、素颜美女，根本不成立，一旦自然、素颜，就不是美女了。

泰国人认为美丽的女性应该是肤白如雪，细皮嫩肉型的。不像西方人喜欢健康的棕色，泰国人认为白就是美的代表、富的象征，他们把对“白富美”的崇拜演绎得淋漓尽致。虽然曼谷街头也有美黑SPA，但只招待过外国游客，海滩上躺了无数晒日光浴的人，却没有一个是泰国人。

中国人认为美丽的女性应该温柔善良，笑语盈盈，皮肤好，身段好，思想好等。欧洲人认为美女脸上有小雀斑是可爱，但是中国人很难把皮肤有瑕疵的人看成是美女。所以，中国女性对皮肤的在意程度会更重一些。

综合来看，对美的认可无非是要么五官立体形象好（伊朗追求鼻梁高），要么身材有看点（墨西哥追求美臀），要么皮肤好（泰国喜欢“白富美”），要么优雅精致（英国喜欢时尚装扮）……这些综合起来就呈现出一个皮肤雪白、高鼻梁的美女，长着翘翘的苹果臀，穿着时尚又优雅。

人类对美的追求，是社会发展的动力。随着社会的高速发展，人们对美的追求有了越来越多的标准，应运而生的各种催生美的行业在快速地发展。

美容、瘦身、隆胸……实际上在几百年前就已经流行起来，不过那时候人们的手法骇人。据历史书籍记载，在硅胶还未问世的 19 世纪，人们将玻璃球、橡胶和象牙填充进胸部，达到丰胸的效果。英国都铎王朝时期，上流社会开始流行苍白型肤色，人们将铅和白醋的有毒混合物涂抹到脸上，用这样的“毒面膜”以达到没有血色的惨白皮肤的效果。

伊丽莎白一世可谓是染发史上的奠基人之一了，为了一头劲爆的红发，她忍受着头晕目眩，用铅、生石灰、硫黄和水混合的染发剂染发。不仅如此，喜欢诱人红唇的她曾用被压碎的昆虫残骸来摩擦嘴唇。这位为了美貌对自己这么狠的女人难怪能成为叱咤风云的女王，在她的治理下，英格兰成为欧洲最强大的国家。

无论是什么样的美丽方法，无论对美有着怎样不同的欣赏角度，都证明了一点，美是人们追求的共同目标。

有人说，一个成功的形象不一定能让你很成功，但一个失败的形象一定会让你很失败。韩国电影《丑女大翻身》是一部经典的励志电影。故事中的女主角汉娜拥有一副动人的嗓音，却因为过度肥胖和丑陋的外表，只能做幕后代唱。汉娜暗恋着帅气的音乐制作人，但又深知自己的相貌不会被其在意，于是暗下决心去整容。技术高超的整形医生让汉娜脱胎换骨，从丑小鸭摇身一变成了白天鹅。整形成功的汉娜化名为珍妮去参加歌手选拔赛，由于得天独厚的嗓音和美丽的外表脱颖而出，很快便成了炙手可热的红人，并得到了之前音乐制作人的倾心。

但是汉娜发现，自己的歌声却不如以往令人动容。音乐制作人将以前汉娜的录像放给珍妮看，并提醒她，将太多精力倾注在外表上会影响她的嗓音。在他心中，汉娜是无可替代的。终于，汉娜选择勇敢面对自我，在演唱会上承认了整容的事实。她用最真挚动听的歌声告诉所有人，一个人具备内在美的实力，也有追求外在美的权利，而且只有外在的美让人看到，才有向人展示内在美的机会。

汉娜勇敢地“杀掉”过去的自己，努力追求漂亮的外表，没有错。看似肤浅不自信的做法，其实只是为了求得生存的基本条件：不再被嘲笑，不再被外在束缚自己的才华和努力，追求爱情，实现自我。

影片的结局很美好，或者说因为汉娜变美才有了影片的丑女逆袭。音乐制作人即使知道真相也并没有嫌弃她，反而鼓励她面对真实的自我。看着汉娜在舞台上自信地歌唱，他露出了会心的笑容，眼里充满爱意。

看完这个电影我在想，假如汉娜还是曾经的“丑陋形象”，音乐制作人会不会因为“爱上她的才华”而不嫌弃其外表呢？我觉得这只能是假设，即使音乐制作人爱汉娜的才华，汉娜也会自卑于自己的外表而藏起自己暗恋的心，不敢去面对心仪的对方，最终让爱情流失。或者说这种假设在现实中肯定不成立。有句话是这样说的："没有好看的皮囊，谁还会在意你的灵魂是否有趣。"

美是女人手中的王牌，没有这张牌很难赢得漂亮。有人说，整容不是为了别人，不是为了工作，只是为了跟同等水平的人站在一起时，能受到公平的对待。这些回答，听起来显得那么合情合理。一个女人颜值的高与低，在一定程度上会提升或减少她的附加值。高颜值在一定程度上会增加女人的自信心。这是不可否认的事实。

心理学家做过一个实验：分别让一位戴金丝眼镜、手持文件夹的青年学者，一位打扮入时的漂亮女郎，一位挎着菜篮子、脸色疲惫的中年妇女，一位留着怪异头发、穿着邋遢的男青年在公路边搭车，结果显示，漂亮女郎、青年学者的搭车成功率很高，中年妇女稍微困难一些，那个男青年就很难搭到车。

这个实验说明：不同颜值和外在形象的人会有不同的际遇，这不仅仅是以貌取人的问题。大家都了解第一印象的重要性，50% 以上的第一印象是由一个人的外表造成的。你的外表是否清爽整齐是让别人觉得你是否可信的重要条件，也是别人决定如何对待你的首要条件。

随着生活水平的提高，人们对自己的颜值也越来越重视了，美好的颜值不仅是女人的王牌，也是男人成功的辅助工具。调查显示，全国女性平均护肤时间为 28.3 分钟 / 天，超过 57% 的女性表示有化妆习惯；男性平均护肤时间为 24 分钟 / 天，比女性仅少了不到 5 分钟，有 22% 的男性受访者表示在日常生活中会化妆。由此可见，爱美已经不再只是女性的专属，男性爱美的特性也渐渐展现出来。男性化妆已经不再是什么稀奇的事情，中国青年报社会调查中心对 2000 名男性的调查发现：46.6% 的人支持或者接受男性化妆，持反对意见的有 22.1%，31.4% 的受访者表示无所谓。不管是男性还是女性，“颜值”已经成为他们生活中不可或缺的一部分，不断提高颜值也成为他们生活的日常。

在“看脸的时代”，人们在提升自己内在的同时，也需要关注自身的形象。通过外在的修饰和内在的提升，达到内外兼修，从看脸上升到看人，最终让我们的颜值产生经济价值。

美丽优雅不惧年龄

20岁的女人活青春

如果把人的一生比喻为四季，那么20岁正是生命的春天，如花般绚丽的季节。就像三毛在她的书中描绘的样子：她有两件裙子，一件是林妹妹的，一件是宝丫头的，她常常穿着这两件衣裙走在异国的大街，引起许多人的驻足。20岁正是风华正茂引起别人驻足的年龄。

20岁的女孩是散发芬芳的花朵，摇曳在清晨的微风里，带着满心的欢喜和向往，无拘无束。20岁的女孩浑身有使不完的劲，用不完的精力和热情，无论是工作还是生活，都是一派活力四射的状态。20岁的女孩向往爱情，向往自由，向往一切美好的事物。

20岁的青春就像四季中的春天，很美却也很短暂。

《约翰·克利斯朵夫》里有一段话："大半的人在二十岁或三十岁上就死了：一过这个年龄，他们只变成了自己的影子；以后的生命不过是用来模仿自己，把以前真正有人味儿的时代所说的、所做的、所想的，一天天地重复，而且重复的方式越来越机械，越来越脱腔走板。”

这话很残酷也很现实，最美丽的20岁是青春无敌的，但很多人并没有把这份美丽一直延续下去，随着时间的推移，青春渐渐远去，美丽也渐渐远去。

20岁的女孩拥有青涩的美好，纯真而烂漫，也有着不谙世故的局促。她们初出社会，战战兢兢，做事毛毛躁躁，面对没见过的场合诚惶诚恐；看向人的眼神里，透出游移和不知所措；强装镇定的小表情下，暗藏着一颗躁动不安的心。这份躁动与不安，恰恰是青涩的美好。20岁的美，是青春美，有看世界的好奇心，有积极生活的勇气，也有向上拼搏的精神；没有相夫教子的烦恼，父母也尚年轻，负担小，一人吃饱全家不饿，有时间有精力去做自己喜欢的事，走遍自己想去的地方。她们带着满满的青春活力，走在开满鲜花的路上。当然，每个人的20岁都有不同的样子，大部分是忙于学业，在校园里飞扬青春；有的初入职场，每天为工作忙得团团转；有的刚刚收获了稳定的爱情，为另一半和将来的生活操心不已。

这个年龄段的女孩仗着自己年龄尚小，底子不错，会忽略保养自己。我做医美这么多年，接触到很多求美的女子，其中20岁这个年龄段的人不爱自己的占大多数，平时不防晒不补水导致皮肤问题层出不穷，放纵自己的味蕾，冷热酸甜想吃就吃，辛辣刺激的食物是最爱，熬夜是常态，如此皮肤的胶原蛋白就会悄悄流走。

所以，越是年轻越要给自己的美打下坚实的基础。你从哪个年龄段开始保养自己，你就会停留在哪个年龄段，这绝不是夸大其词。不仅要保养自己的心态，培养良好的性格，温柔处世；也要保养好肌肤，日常护肤不能偷懒，给将来的自己打好底子。上帝赋予了每个人年轻一次的权利，并不是让你陷入物欲的沟壑，而是让你在有限的时间内，将见识和机遇最大化，去追逐自己的梦想和未来。对一个女生来说，要早早掌握一定的生存实力，早早给自己规划未来，让自己有持续美下去的能力。同时，让青春美丽成为自己的资本。

女孩不能因为有了美貌就陷入自满中，有着美丽的外表和智慧的内在才是优秀的女人，女孩要合理地利用自己的美貌，千万不要因为自己短暂的美貌而让自己沉沦。

20 岁活青春，人生会有无限的可能，每个努力的姑娘终有一天会站在最亮的地方，活成自己想要的模样。20 岁意味着，小姑娘真的是一个大人了。要爱自己，提升自己，让自己活成这个世界上最幸福的人。余生还长，请慢慢走，好好活。

30岁的女人活优雅

30 岁是美丽的分水岭。30 岁以前，女性可以只追求容貌上的美，但是过了 30 岁，更应该追求的是一种内化的气质和一种优雅的态度。

世上男女，最怕就是“英雄迟暮，美人白头”，谁也不愿意承认自己变老了，谁都喜欢自己看起来比实际年龄显得年轻有活力。

有人说 30 岁是初老的开始，我不反对这种看法，但我认为，30 岁是人变美的开始。30 岁的女生终于不再幼稚无知、荷包扁扁，不会被男人轻易哄骗，而是对人生有了自己的感悟与认知，也有了赚钱的能力，更主要的是在心智上有了与别人真正意义上的平等。30 岁前的容颜是爹妈给的，30 岁后的容颜是自己给的，金钱能矫饰外表、精气神、气场以及与人相处的态度和神韵。30 岁的女人，不冷不热地温和，褪去青涩，更懂爱与取舍、包容与自我消化。

30岁的女人会向两个方向分化：一部分日渐枯黄，渐成“大妈”，这是大部分；另一部分反而气质越来越佳，越发美丽动人。我认识不少优秀女性都是后者。她们一般30~40岁，工作已经渐入佳境，内心非常稳定，举止言谈充满魅力。

一个有魅力的女人不在于是待在家里相夫教子，还是做一个职业女性打拼职场，而在于无论干什么都可以让自己管理自己，并在这个过程中变得更加美丽。

年龄增长是岁月的馈赠，谁都只能欣然接受。在变老的过程中，不是只有松弛的肌肤、老化的角质、不再挺拔的身姿，也可以有对美的新的感知和理解，对自身健康和美丽的改造以及不惧年龄和岁月的勇气。要能够一面接受不请自来的年龄增长，一面努力做出改变，接受新鲜事物，让美来得更持久、更丰富。

30岁的女人身上那种独有的、经由岁月打磨出来的游刃有余、优雅自信，是20多岁懵懂的小姑娘比不上的。

30岁以后的女人气质更佳，书读得多了，看事物的视角更宽广透彻，气质里自然多了聪慧与灵秀。

比如董卿、林青霞，年轻的时候她们固然很美丽，但随着年龄的增长，人们更多谈论的是她们的优雅和知性。在美丽的层面上，30岁的女人又多了才气和内涵，以及由此沉淀的从容和淡定。

最美的时刻就是当下。如果把人的一生喻为登山，那么不同年龄段就是山上的不同风景。生命是流动且随机生成的，追求一种固化的幸福与满足感并不容易，但只要愿意，主观上是可以留住美丽的。

对每个女性来说，30 岁前后是一个心理涅槃的时段，一个全新的自我会破壳而出。这一阶段的女性往往更成熟通透，经历过、爱过、得到过也失去过，走进婚姻甚至生育过……身体与心智弥漫着一种睿智、温暖、柔情、宽容、善意。美丽不耀眼，张扬有节制，善解人意又坚守原则，这样的女子浑身散发着一种温暖迷人的优雅气质。同时，因为成熟不再慌张，知道“我是谁”，有了自我的边界，也有了属于自己的审美与情趣，因此也开始为自己而活。

30 的女人能够将自己放在一个相对独立的位置上，不让爱自己与爱别人产生任何矛盾与冲突，遇事会换位思考而不再耍小女生脾气。30 岁的女人学会了观照自己的身体和心灵，学会用一种更加精妙、成熟的方式与这个世界达成和解。在满足这个世界对自己索取的同时，她们学会了怎样让这个世界来满足自己。她们不再以牺牲自己为代价去纵容别人的贪婪，也不再以委屈自己为筹码去成全某段童话般的爱情。对自己的爱，能让 30 岁的女人对“爱”本身的理解更加深刻。

30 岁是女性心身重生的一个阶段，褪去了 20 岁的稚嫩，还没有 40 岁女人的沧桑，这个年纪，是人一生中最好的年纪，一切都还未定型，一切也都还来得及。这个年纪，身体要健康，经济和情感要独立，才能让自己变得越来越好，才不会随着年龄增大而走下坡路，要始终有让自己过好日子的能力。

40岁的女人活智慧

女人一生如花，如果说20岁是雏菊，光艳明亮，30岁是玫瑰，带刺浓烈，那么40岁就是牡丹，大气华贵。40岁的女人没有了年少时期的莽撞和浮躁，多了一丝成熟的韵味，这种韵味让女人不再惧怕年龄的增长，会因为自身的特质而更加美好。这个年龄段的女人，心态平和，内心笃定，带给别人的感受是极度的自由和舒服。

年岁有加，并非垂老，理想丢弃，方堕暮年。很多40岁的女人，无论是气质还是个人魅力，都不会输于男人，反而有些40岁的男人，却一副未老先衰、老气横秋的样子。

40岁的女人有了更多的底气，不放弃变美，美就会一直相伴。作家村上春树曾说：人不是慢慢变老的，而是一瞬变老的。人变老，不是从第一道皱纹、第一根白发开始，而是从放弃自己那一刻开始。只有对自己不放弃的人，才能活成不怕老、不会老的人。再补充一句，人变老是从自己惧怕年龄那刻开始的。

很多西方的中年女性，尤其是法国巴黎的中年女性，走在大街上，化着美美的妆容，穿着时尚又优雅的服饰，因为她们信奉的是活到老优雅到老。除了外在的美，女人还不能停止思考，因为一旦不用脑子，眼睛就会失去光泽，身体就开始长出赘肉。而且，40岁女人的竞争力也在于此，不是靠外在来取胜，更多的是靠智慧来提升魅力。

40岁的女人不要停下学习和成长的脚步，越学习越快乐。学钢琴，学花艺，学瑜伽冥想，学人际关系交往，学名媛的穿着打扮，学美容养颜，都是快乐的。有了这份快乐，心态就会改变，智慧也就来了。这种由心生发的快乐，就是生活的智慧与力量，也是40岁女人独有的人格魅力。

40岁的女性，事业小有成就，外表风情万种，内心成熟淡定，有钱，有自信，有梦想，有爱，有张扬的活力，年龄算个什么呢？年龄从来都不是美丽的绊脚石，经过岁月的洗礼和时间的沉淀，由内而外的精致和优雅，更让人赏心悦目。

40岁女人的成熟恰到好处，她们经过了15岁的天真幼稚，褪去了20岁的青涩浮躁，经过30岁的修炼，终于修成正果，表现得优雅含蓄、娴静端庄、成熟淡定。她们有了不急于去表达的心思，有了内敛含蓄的柔情，能看穿别人却不说穿，尊重男人的不易也尊重自己的独立，真正享受智慧人生。

40岁的女人开始学会真正的宽容，开始懂男人和理解男人，知道男人身上的重量也知道了男人的分量，自己会示弱也开始理解男人的脆弱。40岁的女人活得更智慧、更从容。

50岁的女人做美的使者，传承美丽

孔子有言："五十而知天命。"女人步入50岁，将会越活越明白，知道什么重要什么次要，会把物质生活看轻、看淡，虽然半辈子风雨，知道物质的重要，但对于精神的追求更重要。50岁的女人会更加侧重健康以及更加珍惜时间。50岁的女人会竭尽全力增加时间的厚度，让生活的方方面面越发充实，尽己所能减少遗憾或者后悔。50岁的女人会将生活过得越发有意义以及越发有价值。50岁的女人，活出了真正的坦然。

如果说40岁的女人已经具备了生活的智慧、美丽的智慧，那么50岁的女人应该持续保持美丽的能力，让美得以延续，带动自己的女儿、儿媳去变美，让她们看到妈妈的美是岁月沉淀的美，是起到榜样作用的美，是一直不断传承的美。一个会穿戴打扮、会让自己美的妈妈能够成为女儿的骄傲和榜样，也会让儿子按照母亲的美好形象寻找另一半。

在大众的印象中，50岁以后的女人是一种什么状态？估计是皮肤松弛，眼角堆满皱纹，每天接送孙子上下学，然后打打麻将喝喝茶，或是跳跳广场舞，逛逛菜市场，和老姐妹们唠唠家常……然而，也有一部分女性却把自己的年龄过成了谜，可以与20多岁的儿子站在一起让人误认为是情侣，可以与50岁的丈夫站在一起让别人以为是老夫少妻，再或者是与比自己小的丈夫站在一起，根本没有违和感。

怎样才能让50岁的自己变得更美呢？无非是“如果太胖就积极运动，皮肤不好就改善饮食，五官改变不了就改变气质，不懂穿衣就去学，永远不要让自己停止美好”。

很多女人会向时光妥协。其实，大部分的人并不是无能为力，要明白，青春只有起点没有终点，人到五十并不可怕，可怕的是你的心态老了。

无论多大年龄，心态不老则永远不老，因为每个人的人生没有定格，每个人每时每刻都有翻盘的能力。岁月从不败美人，不用羡慕别人的人生，谁都有变美的权利和能力。美丽是一种信仰，当一个人把美丽当成长寿那样去对待时，每一分努力最后都算数，并且都以非常独特又美好的方式回馈回来。

有人对美丽的戴尔女士说：“你花了那么多钱来保养，也没有见你身上多了什么！”戴尔说：“我花钱做保养，并不是想让自己的身上多点什么，而是想让身上少点什么，比如：你有老年斑，我没有；你有皱纹，我没有；你体态臃肿、皮肤松弛，我没有；各种疾病，我没有。”所以，保养是一种文化，养生是一种内涵，是一种幸福的能力。

女人步入50岁，容颜在改变，美貌在流逝：眼袋出来了，斑点起来了，头发开始白了，牙齿开始掉了，皱纹爬在脸上，细长的丹凤眼变成了三角眼……这些是大部分人要经历的，少部分人却能把这样的状态改写，不是完全逆生长，而是把这些本该有的状态延缓到 60 岁、70 岁。改变不了皱纹可以改变体形，改变不了体形可以改变心智，总之，拥有自信，拥有不放弃的决心，50 岁的女人依然能美得很得体。

如果说 20 岁的女人是茂春，40 岁的女人是仲夏，那么 50 岁的女人就是金秋了。金秋意味着女人收获了沉稳持重、豁达大度、宠辱不惊，以及奋斗拼搏后的感念之心……这就是 50 岁女人的魅力。

60岁以上的女人活出健康

健康与美丽是天平的两端，有一端不在，另一端就会失去平衡。60 岁以上的女性，真正的美丽就是“健康”。

我们每个人都听过一句话，“身体是革命的本钱”。健康的身体是 1，名誉、钱财、爱情、婚姻、家庭……是后面的 0。

爱自己的最高标准是爱自己的身体。60 岁以上女人的美丽如何体现呢？就是要让自己依然保持健康的身体。如果没有健康的心肝脾胃肾，又何来健康红润的肌肤呢？如果没有健康的胳膊腰腿脚，又何来健康的身材呢？所以，健康才是 60 岁以上女人的美。

我们知道，有宗教信仰的人会在就餐前在胸前画十字以示对食物和上帝的感恩。事实上，这种仪式感就是一种敬畏和能量的链接。如果我们每天对着滋养我们身体的水和食物说“谢谢你，美好的食物”，那么，我们的身体细胞就会有一种由内而外的喜悦，用餐的心情也会变得美好起来。

当我们学会说“谢谢你”的时候，心情就会变得愉悦起来。平时在家习惯跟家人说“谢谢”，在外面习惯和朋友说“谢谢”，时间久了就会成为一种很自然的表达，这样的自然表达正是一种身心和谐的自然流淌。

身体是一个通道，当我们身体健康了，就能链接其他的能量。当我们都在谈感恩的时候，首先要感恩自己有一个好身体。只有身体健康了，人才能从心底愉悦起来，享受身体健康的这份存在。我们要让自己时刻处于一种美好的状态，爱护自己的皮肤，保护自己的骨骼，在意自己的三围，让自己永远活在健康的状态里。

有则笑话说过，女人活得是否健康美丽，要看 40 岁的时候别人叫你姐姐还是阿姨，要看 50 岁的时候别人叫你阿姨还是奶奶，要看 60 岁的时候别人叫你奶奶还是爷爷。如果 60 岁之后，明明是奶奶却被称为爷爷，说明已经到了认不出性别的地步。认不出性别，说明女人已经不在意皮肤状态，也失去了女性的腰身，更没有了女性的发型和美感。

这样的状态，不但与“美丽”无缘，甚至都不再健康。

如果我们把身体当成自己特别在意的朋友，那么，在吃喝拉撒睡时就会想到与身体互动：她要开心，要健康，要充满爱，当然你的这个朋友也会默默回馈你。她会让你看起来神采奕奕，走起来步履轻松，身体会越来越好。

幸福的人生，要有一个健康的身体作为基础。女人要珍惜自己的身体，不懒惰，按时吃饭，好好睡觉，经常锻炼，这样的女人永远都会漂亮。

我们每个人都体验过，心情不好的时候就很容易生病。一生病，就大把吃药，再不行，就去医院挂吊瓶。但吃药和挂吊瓶的时间越长，生病的时间也就越长。这个时候，如果我们总是从外在找原因，那就大错特错了，其实，不是身体出了问题，而是我们的心出了问题。

为何一些不治之症会神奇地不治而愈？为何有的病总是吃药却不见好？

原来当我们的心在变化时，我们的身体就会做出同样的反应。

百病成效皆求之于心，心才是最强的药。

有一个真实的案例：

一对英国夫妇2003年时都患上了恶性肿瘤，生命仅剩下三个月。他们在放弃治疗后，选择用两个月的时间完成生命中最想完成的50件事，之后与旅行社订下合约，倾尽余下的四万英镑家产，进行一趟豪华的环球旅行，条件是只要夫妻中任何一位在旅程中去世，合约就自动终止。

旅行社到医院核查，认为签订此旅行合约十分划算，就订下合约。出乎意料的是，原本以为只有一个月的旅途却持续了一年半。

这对夫妇同情旅行社即将破产，就自动解约返回家，赴医院检查时，发现所有的癌细胞全数消失，原本不治的恶疾竟在旅途中不药而愈。

这个情况引起美国南佛罗里达大学健康科学研究中心的首席科学家威斯理教授的关注。他深入研究后发现，心脏在非常平静、快乐、喜悦时，会分泌一种氨酸荷尔蒙，它能治疗重大疾病和其他绝症。

他的研究震惊世界，这样的研究结果也向我们传达了一种理念：最好的医生，在你自己的心里。

健康和美丽并没有价格，也不是富人的专利。对一个充满正能量的人来说，健康的生活很简单，保持简单的心境，在60岁以后回归成一个孩子，拥有乐观向上的生活状态，脸上总挂着微笑，修炼强大、乐观、富足的内心，这样才会拥有一个真正健康的身体。

中篇

女人的美有千万种

美的修炼：貌美

没有丑女，只有懒女

有句话说，长得丑不是你的错，但因为懒让自己变丑就是你的错。每一个颜值在线的女人都是靠自己精心装扮的，从穿衣到妆容，每一天都在用心地选择。

“鹤发童颜”是很多女人的梦想，要不然就不会有那么多的狗仔队去扒明星的整容八卦。事实上，在这个科技与医学都高度发达的时代，整容已经不再限于明星，也不再是一件奢侈的事情。任何一个普通人通过科技手段拥有干净的肌肤、精致的五官、匀称的身材已经成为可能。

有些四五十岁的女人依然是二十几岁的模样，除了身心修养之外，医美也必不可少。先天基础和后天的维护，缺一不可，如此才能让人看了心生赞叹。事实上，我们每个人都可以做到逆生长，做到只增年龄不增皱纹，不做懒人，不当丑人。

很多“丑”人直接与“懒人”画上了等号，她们不懂得去控制自己的身材，暴饮暴食，当别人嘲笑她胖的时候，她觉得无所谓，因为减肥太辛苦，所以她不会去减肥，而是继续懒下去。

有人在结婚以后，被生活的琐事缠身，不再打扮自己，每天一副风尘仆仆的样子，最后成了“黄脸婆”。当一个女人不去在乎自己外在形象的时候，她就会变得越来越丑。

当美女在健身房挥汗如雨的时候，懒人却窝在沙发里抱着零食追电视剧。

当美女在给皮肤SPA的时候，懒人却熬着最长的夜、顶着黑眼圈刷视频。

当美女学如何搭配服饰、如何化妆造型的时候，懒人却在逛地摊找便宜货。

当美女一边育儿一边精致的时候，懒人却说自从有了孩子再也抽不出时间打扮自己。

当美女无论多忙都要在出门之前给自己化个淡妆的时候，懒人却可以顶着油腻的头发、素到极致的脸出门，并且自我安慰说简单才美。

很多时候，不是因为没钱或没时间，而是你有钱有时间也不去变美，是内在的一个“懒病”作怪，宁愿让自己“丑”下去，也不想在变美的路上奋起直追。

我们有个60多岁的客户，特别有气质，特别美。无论是言谈举止还是着装打扮，呈现的都是“年轻态，健康品”。她常说一句话：打着为你好的名义阻止你变瘦变美变有气质的人都是巫婆。这话虽然打击面有点大，但却不无道理。

长得丑本来不是你的错，但很多人把这一句话当作自己不变美丽的托词，一步一步任由肌肤恶化。这个世界本没有丑女人，只有懒女人。

长得丑没有错，持续丑下去就是自己的错。

花昂贵的钱不一定会带来美丽，但一分钱不舍得花肯定换不来美丽。我并不认同花很多很多钱，但是脸确实是需要慎重对待的。所以，女人在追求美时也要“把钱花在刀刃上”。天生丽质的人固然有，但岁月残酷得很。同时，糟糕的品位与仪态也是扣分项。

作为女人，且是资质平平的普通人，要美，要瘦，只有对自己狠一点。爱美才能使自己平凡的面孔生出一些不平凡来。

爱美的女人绝不会是个懒人。懒，是女人最大的缺陷。

该化妆的时候要化上美美的妆，不是为了取悦别人，而是为了取悦自己。

该睡觉的时候要尽早上床睡觉。想美就一定要睡足美容觉，你熬的不是夜，是自己的健康和美丽。

该吃补养的东西时，要营养搭配好好吃，由内而外的美才是真的美。

想改善自己松弛的皮肤、臃肿的身材，就要积极去锻炼、去改善，没有人会通过一个不讨喜的外表去爱上她的内在。

逆生长不是不可以。如果我们任由自己的身体垮下去，肌肉、细胞就会悄悄老去。我们要时刻提醒自己：“我可以活得更健康，更年轻”，潜意识里就会有一股积极的力量来推动自己，去实现逆生长。

当心情不好，却能努力让自己开心时；当想要贪吃，却能管住自己的嘴时；当想要偷懒，却能迈开自己的腿时，这种自律就是戒掉了“懒”，戒掉了“放任”，从而让自己在自律、勤快的路上美起来。

说到女性，很多人喜欢说的是女性的牺牲，母爱的伟大，以至于很多女性对自己的外形毫不在意。

当你躺在被窝里蓬头垢面时，别人在健身房做了好几组仰卧起坐；你一个冬天胖了一圈，别人腰瘦了，腿细了，马甲线出来了；你的生活是懒散、放纵，别人的生活是自控、自律。

懒，是让一切美打折的根源，而能打败懒病的，唯有自律。

“皮肤好”才是真的好

皮肤是什么？是人的屏障，是人的面子，是人向外展示的第一张名片。皮肤不好意味着屏障功能下降，面子工程受损，皮肤不好就是一种潜在的“不完美”。同时，皮肤还是一个人精气神的晴雨表，皮肤好不仅代表美丽，还代表健康。所以，要时刻保持自己健康美丽的皮肤状态，皮肤好才是真的好。

皮肤好有几个标准：一是肤质均匀，无论是古铜色还是象牙色，都要没有色差；二是没有瑕疵，比如斑、痘痘、皱纹。三是皮肤符合实际年龄，甚至比实际年龄更年轻。

在中国大众的审美里，皮肤白净 = 皮肤好。有句话说，一白遮百丑，一胖毁所有。可见，“白 = 皮肤好 = 漂亮”的逻辑是成立的。如果让你看1000张美女的照片，过一小时，你记不住任何一个人的长相，但你能记住的是五官端正脸型好，皮肤细腻白皙。所以，一个女性最美的衣服不是冬天的貂、夏天的缎，而是自己的肌肤，只有够白嫩的肌肤才能衬托出衣服的华美。

从古至今，对于女性的好皮肤都有一些特定的描述和评论。比如古人用“凝脂”来形容皮肤的光滑、细腻和洁白。现在人们会用“艳光照人”“白里透红”来形容美女的皮肤。保持皮肤好颜色、好状态应该是女人最重要的功课。

皮肤好比最贵的衣服。也许你不舍得花钱买一件高档衣服，但是对于自己的脸，一定要舍得投资。

想要皮肤好，就要投入精力，投入金钱，克制自己……要做的事情很多。做到哪一步，要看你觉得这事到底有多重要，对结果的要求有多高。如果你不在乎，这事做得马马虎虎，也是你的自由，如果你又在乎，又不肯付出，这就是你的不对了，也没有资格抱怨。

任何一个人的皮肤如果不养护都会走下坡路，18 岁的时候不养护会有青春痘、痤疮的烦恼，28 岁的时候不养护会有皱纹、粗糙的烦恼，38 岁的时候不养护会有色斑、暗沉的风险，48 岁的时候不养护会有老年斑、光老化的色素性问题。所以对于皮肤的养护不是一朝一夕的事情，而是经年累月要做的事情。如同打理一块草坪，如果精于呵护，那么草坪就好看又平整，如果既不除草又不浇灌，很快草坪就变得杂草丛生，甚至过早荒芜失去生命力。皮肤也是一个道理，如果平时精于护理，皮肤则会回馈给你年轻与活力，不但让别人看起来赏心悦目，自己照镜子也会增加自信。

一个女人天生拥有完美的身材和姣好的面庞，已经让其他女人羡慕了，如果她的皮肤还好到发光，那她就惊为天人了，而皮肤好，需要的是后天的维护和保养。

每个女人都爱美，都不希望自己看起来很老，保养和不保养区别非常大。当你因为保养自己的皮肤，让年龄增加而“面子”问题不增加的时候，你的心情一定是美丽的。

所以，要重视自己的“面子”工程，重视自己最重要的“皮相”，一定要在千篇一律的普通人中让好皮肤为自己加分。

性感，是另一种美

“性感”的百度百科解释是：某个人的文化气质、身材相貌、穿着打扮或动作，唤醒他人感性意识认知的魅力。性感这个概念包含一种极具个性的气质、一股能够吸引别人的个人魅力和一份可以恰到好处地展现内在的智慧。性感可以指很多方面，比如身材、衣着、外貌、发型、谈吐、表情、姿势等。

提起性感，第一时间出现在我脑海的画面就是玛丽莲·梦露，她捂着迎风飞扬的裙角，带着羞涩又自信的笑，金发、碧眼、红唇、美人痣，鲜明的个性，火辣的身材，风情万种又美丽十足，成为很多人心中的第一性感女神。

每个人对性感的定义不一样，但一定有个性感的标准。当你认为某个样子性感时，说明你内在已经有这个标准，或者你自身具备这样的性感特质。否则，你不会觉得这个样子是性感的。

比如，一个胖嘟嘟有肉感的人，内心充满自信，她就会认为杨玉环式的身材就是性感。一个瘦削的人，喜欢自己的骨感，她就会认为 A4 腰、纤细体态就是性感。反之，如果一个人胖，却以胖为丑，那么她就会认为和自己不一样的身材是性感。一个人瘦，却不以瘦为美，就会看到别人的胖而心生羡慕。

我认为性感是多种多样的，比如，做事专注的职业女性，在职场上带领团队，有一种高冷的女王范儿，指点江山、所向披靡的感觉，特别性感。说话柔柔的，即使对人说些重话，也是轻言说重话，不给人压迫感，我感觉这样的女性十分性感。肤如凝脂，走路自带气场的女性也十分性感。

用心理学来解释“女人的美由内而外”：性感是由内而外的圈层，核心圈层是内心的自我形象，中间圈层是身体形象，外在圈层是外貌形象。如果三个圈层的形象是协调的，那这样的女人一定很性感。

无论哪一个标准的性感，既来自外在的修炼，也来自内在的自我认识，活出属于自己的独特美丽就是性感。

一个由内而外散发性感的人，会生出强大的能量场，吸引更多优秀的人接近。

好莱坞著名的花花公子、钻石王老五乔治·克鲁尼娶的太太是位律师。所有喜欢乔治·克鲁尼的人都好奇，是什么样的女子才能够打动这样一个钻石王老五的心呢？他可曾宣称不会再结婚，他见到的美女太多，而且自身多金且多才华，不愿意被婚姻所绊。但是，当他遇到这位律政俏佳人的时候，竟然就无法自拔，迫不及待地要把她娶回家。

无论颜值还是身材，学识还是能力，艾莫·阿拉慕丁都是一位杰出的女性。乔治·克鲁尼对妻子的评价是："我也搞不懂我的妻子，她接手一个案子，同时还能去某大学教书，但是还有精力每天考虑要穿怎样的裙子。有内在也有外在，而且还有智慧，你说哪一个男人不喜欢这样的全方位活成钻石般的女子呢？"

人对美的取向是对等的，所谓的磁场和匹配，无非就是像乔治·克鲁尼遇上艾莫·阿拉慕丁，两个人都需要活出人生的丰富和质感。

我常常说，每个女子都要活成有钱、有闲、有颜值的女神，这就是最性感的人生。

性感的人绝不会是谈吐粗鲁、待人无礼、不学无术的人，在别人和自己的生命里留下值得记忆的片段，留下美好、轻盈、充实，这本身就是你的性感形象。

衣服美学，提升穿搭格调

衣服最初的作用是遮体。随着人类的不断发展，衣服不但具备了遮羞、保暖的功能，还有了更多的美学价值。

"云想衣裳花想容"，每一个女人心中都有一个绚烂多彩的霓裳羽衣梦。着美丽衣服，轻舞飞扬，还有什么比这更美丽飘逸的？没有什么可以阻挡女人对漂亮衣服的渴望和追求。漂亮衣服不仅仅表现女人的自信美丽，更表达女人的一种心情。各种漂亮的衣服从来就是女人展现美的一种宣言、一面旗帜。

符合身份和场合的衣服能够把女人的万种风情展示得淋漓尽致。女人可以将自己装扮得端庄得体，风姿绰约，高贵优雅，时尚妩媚，休闲舒适，青春靓丽。衣服的颜色更是表达女人心情的晴雨表，喜时一袭艳红，忧时一身幽蓝，神秘时一身紫色，明媚时一身亮黄，女人就是这样千般的秀美，万般的妩媚。鸟儿靠美丽的羽毛赢得青睐，衣服就是女人的羽毛，为女人的形象代言。

当然，穿衣服是一件学问很深的事，合适的才是美丽的，不合适的衣服无论多么华贵，终究会有别扭之感。

许多人在穿衣服或者买衣服的过程中，会有这样的疑问：为什么一条非常漂亮的连衣裙，别人穿起来很好看，而自己穿起来不好看？同样的衣服，不同的人穿会有不同的效果，这充分说明一个问题：适合自己的才是好的。塑造良好的个人形象，需要一个前提条件——了解自己。只有在了解自己的情况下，才能更好地让衣服为自己加分，起到修饰、美化、展示自我优势的作用。

服装颜色给人第一印象。除了颜色，还有款式、面料、剪裁，比如你要穿硬面料还是软面料，要穿大图案还是小图案。穿着和你的体格有关系，也和女性的气质和审美趣味有很大的关系，我们把这些统称为穿衣风格。

有些衣服穿在模特身上好看；有些衣服穿在别人身上好看；有些衣服档次高，一看就有高贵的品质。但这些衣服真正穿到自己身上，却会失去美丽的效果，好像不是自己的衣服。

衣服作为一个物件，在你看到它的时候只是一个欣赏的对象，无论是穿在模特身上还是别人身上都是一个道理，你不是那个穿衣服的人。一件衣服适不适合自己穿，要看缘分：有些衣服再好看，和自己无缘；有些衣服不怎么好看，也不怎么昂贵，却非常地适合自己。奥妙在于你必须把服装美变成服装美学。服装美是别人的，服装美学才是自己的，要想让衣服为自己服务、提升穿搭格调的话，必须从别人身上收回目光来认识自己。起码要认识自己的形体、性格、职业等，然后根据这些，来选择适合你自己的衣服。这样衣服就成了为你服务的道具，你就成了驾驭衣服的主人。

有些朋友很讲究穿衣服，穿的都是名牌。然而，名牌是选择衣服的唯一标准吗？我不否认，有时我也会去逛一些名牌店，但不是所有的人都负担得起名牌，也不是所有的名牌都会让人穿起来显气质、显好。我认为真正的好衣服就是穿在自己身上非常合适的衣服。

身体本身也是一个美学范畴，有其生理结构的特征。我们发现，很多国外的名牌服装，其实是依照本国人的身体美学设计的。例如，意大利人的下身较长，上身较短，所以他们上面穿一件小马甲，下面搭长裤，穿起来就美得不得了。

所以，关注身体之美的同时，必定要关注服装之美。美的衣服，不一定价格昂贵，但真正适合你自己，具有独一无二的风格和范式。所谓的“美”，不是指最好，而是指一种最适合你的味道（或者说类似“神韵”的存在）。

找到适合你的风格和范式不是那么容易的事情，其中决定性的因素是“审美能力”。

服装，与其说是对身体最美的装扮，倒不如说是对灵魂的致敬——因为它是灵魂对于美的渴望的外在的言说和宣告。服装是一门大学问，大家还是要花一点心思去了解自己适合什么样的颜色、款式，以及服装搭配。我觉得这才能体现衣服的美感，而不是轻率地就把自己的身体交给名牌。

最后有一个建议，每一年穿上那件最能展现你自己的衣服去拍一张形象照。随着自我形象和外在形象越来越协调，你的美也会更加自在。

相比凝固在某个状态、某个形象里，一种不断对自己加深认识的自信，才是对美丽最好的支撑。

现实生活中，很多人看见一件漂亮的衣服就想买，可是却一点儿不考虑其穿在身上的效果，结果不是衣服衬得人更好看，而是衣服衬得人更丑了。

人最可贵的，是了解自己。

只有了解自己，才能明确自己适合什么样的妆容和衣服，适合什么样的伴侣，适合什么样的生活，适合什么样的人生。

美的修炼：型美

形体美的几层标准

论女生的形体美有多重要，对比一下就知道。一个女生亭亭玉立，肩膀平展，脖子端正，身材挺拔，另一个女生身体前倾，圆肩驼背，相比较而言，前一个更赏心悦目。圆肩、驼背、脖子前倾、小肚子、大象腿都是不美的。

英国著名哲学家弗朗西斯·培根在《论美》中说："形体之美要胜于颜色之美，优雅行为之美又胜于形体之美。"一个人整体形象的美要胜于五官的美，而一个人的行为仪态又胜于整体形象。所以说，形体和仪态是美的核心所在。

形体是指人体的外在表现，人体只有在四肢、躯干、头部及五官的合理配合下才能显示出气质美、体态美、线条美及和谐美。虽然每个人天生的身体条件是不同的，但是通过科学合理的训练和营养均衡的膳食，每个人都可以将自己的形体美演绎到极致。

女人保持完美身材往往是“为悦纳自己而美”。无论男女，想要保持好身材都需要付出很大的努力，而一个女人一旦不再在意自己的身材，则意味着她对自己的魅力产生了不自信。我认为，女人保持形体的完美，不是为了给男人一个好印象，而是为了给自己更多的自信、快乐。一个女人，无论面孔多么天使，只要是水桶腰大象腿，最初的美感就打了折扣。

我一直坚信一个理念：掌控人生之前先要掌控身材。形体美是有标准的。女性的形体美讲究的是整体，而不是单一部位的美。只有对整个身体进行管理和约束，才能使女性的身材得到和谐的统一。那么，女性的形体美究竟有哪些标准呢？

五官美讲究三庭五眼，而身体的美重要的是“三围”标准。三围是否好，直接影响人们的观感。前凸后翘的精致感觉就是三围在起作用。三围包括胸围、腰围和臀围。

胸部美的标准：乳房是否美丽是衡量胸部美不美的基础。乳房的弹性和饱满状态、乳晕颜色和光泽以及局部的皮肤是否光滑细腻，乳头状态是否圆润，以及乳房位置是否对称，大小与整个形体的关系是否符合美学的标准和范畴，当这些因素都达到标准和统一时，就符合胸部美学标准。

腰部美的标准：女性的腰腹应当是女性三围当中最细的一围，它的粗细直接影响着女性的形体美。时下流行 A4 腰，其实不是越细的腰就越美，而是要从整体的比例来考量。上下呈圆滑的曲线，上接肩部和胸部，下延丰满隆起的臀部。躯体之所以美，是因为上腰部有凹点，下腰部又柔和地向臀部扩张，正是这种变化，使人的曲线有了美感。

从正面看，肚脐两边应有两个对称的凹陷，与肚脐凹陷共同将腹部分成两个部分。从侧面看，腹部应与乳房的前突部分和臀部的后突部分对称，形成“S”形。

臀部美的标准：臀部在女性人体美中占据着重要的地位。无论是服装设计还是舞蹈动作、艺术创作，甚至人体雕塑、绘画等都有意夸大臀部，以强调女性的曲线和性感。无论是苹果臀还是蜜桃臀，都是形容其圆润饱满。从背面看，臀部呈两个完善的圆形，臀部向后突起而无下垂，皮肤光滑坚韧富有弹性。

除了三围的美之外，女性的身体美还离不开背部和腿部的优美。尤其是背部美已经成为一个主要参照标准，60 岁的杨丽萍因为露着状如 20 岁的美背而上了热搜。可见，一个美丽的背是除三围之外更大的加分项。女性背部美的标准是指背部宽窄适中，与臀部的比例适当，肌肉丰满、腰部起伏、弯曲明显，脊柱沟比较明显、肩下骨不太突出。

腿部美也很重要。如果腿不直不修长，也会对其他部位的美造成影响。无论在着装的情况下还是在裸露的情况下，腿部美都能产生很大的美感。

腿部美的标准：腿部长度是身高的一半以上，骨骼正直，外形圆润，粗细适当，皮肤有弹性，膝盖外形圆润。大腿和小腿笔直伸展，小腿较长，是大腿长度的四分之三以上，两腿合拢时其间隙不超过 2 厘米。美腿使女性的身材显得修长、挺拔，并且对女性的风度气质有很大影响。

我们的气质来自哪里？首先来自和善明朗的五官，其次来自匀称完美的身材。举手投足间显现出来的气质，是一个人内在修养的真实流露。我们要想有好的形体和优雅的气质，就要有修身养性的心理准备，一个浮躁的内心是无法承载优雅的。让内心静下来，让内心舒展开来，这样在形体训练时气息就会自然流动，不经意间塑造自己的美，诗意般的气质就会随之而来。

有部分女性认为自己结婚了，当妈妈了，甚至当外婆了，终于不用在乎形体了，或者认为老公没意见就行，这些想法会让一些女性放弃形体训练。

事实上，没有一个女人不羡慕别人的好身材，没有一个老公不希望自己的老婆有好身材。哪怕一个女人已经当了妈妈，当了阿婆或阿奶，好身材都是必要的。美美的外形不仅让别人看着赏心悦目，也是对自己健康的负责。

甚至，我们追求的美，看似是外在的美，实际是为了和内在美链接，最终达到身心合一。

女性在一生中有三个时期会让形体发生变化：一是月经初潮期，二是产后期，三是更年期。女子生产后，小腹变得松弛，髋骨宽大。如果体形恢复得好，那么身体的各种机能就照旧，而且子宫不会前倾，胸部不会下垂，腰部不会有赘肉，臀部的肌肉弹力十足。形体好代表骨骼和肌肉都很健康，这样皮肤才会年轻。

形体美应该是丰满而不肥胖，苗条而不瘦弱，三围比例适当，有一个腰挺背直的健美背部，一个饱满上翘结实的臀部，一个坚挺、平坦、纤细的腰腹，一双充实饱满、富有弹性光泽、皮肤平整的对称乳房，还有个性化的脸部线条、光洁细腻的脖子、柔和饱满的手臂、线条流畅的双腿等。

匀称：不胖不瘦身体之美

现代女性形体美的最直接体现是体态匀称，匀称是一种中庸的美，不偏不倚，不多不少，不胖不瘦才是美。

对于女性身材，不同时代、不同国界呈现出不同的审美标准。唐朝时期以“丰腴”为美，现代人却追求“骨感”之美。无论是怎样的美，大体上都离不开“对称”。中国自古追求“对称”的艺术，无论是宫殿建设还是园林设计，甚至图案绘制，都能找到“对称”的美学理念。

体重适当、身体匀称、站立时头肩位置协调、牙齿清洁、眼睛明亮、头发有光泽、肌肉紧实、皮肤有弹性等都是外在形体美的范畴，也被作为衡量现代人形体健康的标准。如果从美学角度来看这些标准，就是外在和内在的结合。美应该是人的身、心完全和谐。一个人的身体一旦符合了这些健康的标准，就一定会呈现出“匀称”的良好状态。

大部分男性表示，身体匀称度标准的女性会获得男性喜爱，因为在他们眼中，这种女性拥有不可言喻的吸引力，也即一般男性所称的“性感”。可见，女性的匀称之美，可以与性感画上等号。

为了拥有完美身材，很多人第一时间会想到节食的方式。管住嘴对于身体不长赘肉应该是个值得提倡的方法，但并不是一个特别好的方法。因为，节食可能会让身体变“瘦”，但并不一定会变“美”，美不仅仅是瘦，还要瘦得很悦目，不能只剩下皮和骨头，而没有了肌肉和健康。七分内养，三分外养，最后才能达到匀称健康之美。

嘴里念叨着要减肥的女孩子，看到美食会难过，既要忍受吞咽口水的尴尬，又要为身上甩不掉的肉肉难过。事实上，瘦身和美食并不矛盾。会吃，不仅有助于身体变得健康，而且还能不产生赘肉。

美食对于现在的我们，不只是果腹的食物，更是一种生活态度。对于热爱生活的人来说，享受美食是我们生活中不可缺少的。

真正的美食，让我们身体健康，心情愉悦。真正的美食，是对身心灵的供养。因此，我们理应感恩上苍赐予我们美食，理应静心去品味每一样食材的本来味道，去领悟那至真至美的饮食真谛。

可能有朋友问了，经常吃美食，放任自己的胃，还怎么瘦身呢？

我在电视上看过一个纪录片，里面有一个越南的厨师。他有两个女儿，他将两个女儿的名字合起来起了一个餐厅的名字，他是厨师兼服务员兼配菜工。夜晚涨潮过后他会带着工具去海边采集海味，早晨他就会做出最贴近自然和原味的鲜美早餐。他的主要食客首先是家人，然后才是慕名而来的客人。他并不能赚很多钱，但每每讲起给家人做饭的时候，他的笑都那么纯粹美好。最主要的是，在他的美食搭配和供给下，每个家人的身材都很完美匀称。用他的话说，真正会享受美食的人，往往是热爱生活又热爱健康的人，而且营养搭配恰当的情况下，无论怎么吃都不会让自己变胖。他在践行自己的理念，也向别人证明了自己的观点。

我们要用心去做美食，或用心去品尝美食，放开自己所有的顾虑去咀嚼，去品尝，去滋养我们的味蕾和细胞，以及热爱生活、享受当下的心灵。

所以，保持匀称身材与美食并不冲突，更是与健康息息相关。有的人一味追求瘦，但是我想说的是太瘦的人看起来真的不好看，会给人骨瘦如柴的感觉，我推崇瘦而不柴的身材，就是虽然看起来瘦，但是却有肉的那种，这样的身材匀称有力量，而且还健康。

我们应该倡导健康的审美观，避免走向肥胖和过瘦两个极端。求美者为什么要减肥？其实不仅仅是为了美观，更是为了健康，因为肥胖对健康造成了不良影响。为了健康，可适当借助减肥手段来达到目标，但一味地追求骨感，必然会影响健康。对于减肥的求美者，我的建议是，一定要树立科学的人体审美观，提高自身的审美素养。科学的审美观应该是身体健康、形体和谐、心理和谐、自然为美、个性为美。

在现代美学中，骨骼发育正常，肌肉均匀分布，皮下脂肪适当，五官端正协调，身体挺拔结实，身材有曲线，做到“穿衣显瘦，脱衣有肉”，就是匀称之美的标准。

美发：发质好气质就好

头发对于女人而言，有着非凡的意义，它甚至可以说是人脸的镜框，对整个外表起着很大的作用。一个人如果能够在头发上花些心思，无论是散发还是盘发，无论是卷发还是直发，只要能够匹配自己的气质和身材，那么就能改变整体形象。时尚领袖靳羽西的童花头发型已经保持了几十年，这一发型甚至还被用作化妆品公司的商标。

在电影《可可西里的美丽传说》里，主角玛莲娜美到了极致，一头大波浪卷发，走到哪里都牵动着男人们的心。最后因为太过美丽遭到女人们的嫉妒，她们群起而攻之，最后把玛莲娜的头发剪成了四不像。可见，女人们觉得玛莲娜的美首先是那头美丽的秀发，所以才去毁掉这份美丽。剧情三次反转，都与玛莲娜的发型有关。第一次她丈夫在的时候，她是全镇最美丽的女人，男人们看她一眼都脸红心跳，女人们私下里羡慕嫉妒恨，她走到哪里，乌黑的秀发就飘到哪里，美丽优雅，简直是人间尤物。第二次，当人们知道她的丈夫在前线阵亡的消息后，男人们开始用各种名目和理由占有玛莲娜，女人们则是对其进行人身攻击，玛莲娜不得已变成了妓女。她的发型开始变成黄色的卷发，妖艳而大胆，也带着对自身命运的不甘。第三次，失去右臂的丈夫从前线回来，玛莲娜也变成了一个普通的妇人，发型变成了简单的齐耳短发，虽然不再妖艳但却依然美丽。

在现实生活中，发型发质对于一个女人来说有着非常重要的意义。

很多人都有过体验，洗洗头发吹个发型，人会显得格外有精神，哪怕原本很普通的脸也会看上去精致起来。反之，如果头发扁塌油腻再有头皮屑，那么无论多高的颜值也会因为这一头不忍直视的头发而大打折扣。所以，型美的另一个关注点就是要时刻保持秀发的清爽。

无论是长发还是短发，既要配合体型、脸型，又要注重头发的颜色和状态。是长顺的直发，还是俏皮的卷发，是自信干练的职业发型还是青春靓丽的淑女发型，这些都要匹配自己的气质。当你和别人具有同等颜值时，发型的加分绝对不容小觑。甚至在颜值略微落后的情况下，只要发型整得好，也会给自己的整体形象加分。

颜好 + 柔顺秀发 = 真女神，颜好 + 毛糙枯发 = 女神未满。在成为女神的路上，发质好气质才好。一头美丽的秀发，会让你看着年轻好多岁。有诗描绘头发：

把娇小与柔细

种进头发，种上高高发冠

恰似攀上奇峭峰峦

惊遇稀见之美

三千青丝绕指柔，是男人的想象，是飞扬的青春与美好。女人秀发划出的弧度和发间溢出的淡香，演绎出温馨的浪漫。

历史故事中，汉武帝有一天去姐姐平阳公主家，席间平阳公主让歌女跳舞助兴。其中一个歌女卫子夫在跳舞的过程中，可能是发簪没有插好，满头秀发突然散落，如同黑色的瀑布从天而降。汉武帝一看大喜，猛然想起《李延年歌》：北方有佳人，绝世而独立。一顾倾人城，再顾倾人国。宁不知倾城与倾国，佳人难再得。卫子夫，这个地位低下的女子因这一头美丽的头发而得到汉武帝的青睐。

发型和发质好不好，关乎一个人的形象和气质。头发长得多与少关乎一个人的生理机能。头发枯黄、干燥、油腻，都是严重困扰女性美丽的问题。所以，要想让秀发不受岁月伤害，既要了解自己的发质，更要保养自己的头发。

头发的情况能准确地反映身体状况和生活状态。当压力增大、得不到充足的休息、心情不好、饮食不健康时，毛发干枯、分叉、毛糙，甚至脱发的情况就会出现。只有保持健康的生活状态，并对头发进行充分的保养和护理，才会让头发清爽柔顺，焕发青春活力，为美丽加分。

香水：闻香识女人

有一句话这样说：不抽烟的女人没有过去，不用香水的女人没有未来。我们可以脑补一个画面：一个用香水的女人从你眼前经过，她的发型很美，妆容很美，裙子很美，鞋子很美，然后在你惊叹其美丽的外表时，随之飘来一阵淡淡的香，令人回味。这样的女人是不是很高贵、很神秘？所以说：香水是一件看不见的华服。当然，现实中不用香水的美女也大有人在，但香水对于一个女人的品位来说，重要性还是不言而喻的。

常言说，女人是水做的，那么搭配上香水的女人就像花儿一样美丽又芬芳。每一种香水代表世间一类女子的性格，或神秘，或清新，或妩媚，或娇羞，就像百合清香，玫瑰浓烈，雏菊淡雅，不同的味道彰显不同的个性与风格，是那样地让人难以忘怀。

美丽的女人们大胆地宣言，上天赋予我们如此动人的感官，罗曼蒂克的气氛当然非我莫属。时下用香气标识自己的女人越来越多了，魅惑的“毒药”、优雅的“女人味”、沉静的“Gucci”，挥洒和标示着与众不同的美。

香水是一种身份的辨识。电影《闻香识女人》中，弗兰克中校仅靠闻对方的香水味，就能识别女士的魅力和气质，包括对方的身高、发色乃至眼睛的颜色。这让人感受到了香水赋予女人的独特魅力。可可·香奈儿女士说过这么一句话：一个不会用香水的女人是没有未来的。在她眼中，香水是提升女性魅力指数的秘密武器。

印度是香水世界取之不竭的灵感源泉，不仅是因为它久远的历史、斑斓的文化，更因这个国家出产品质卓绝的各色香料。在香水世界占有重要一席的东方国家里，我们总能一窥印度式的欢腾与悱恻。

法国的浪漫出名，香水也出名。法国香水驰名世界。徜徉在浪漫花都巴黎的大街上，你可以通过一个人香水气味的雅俗，判断他/她的身份地位。相同型号的香水也会因为不同的体温而形成属于自己的独特气味。

可以说，越是注重浪漫和嗅觉的国家对香水越是情有独钟。香水是女人的第二皮肤，也是心情和美丽的诠释。试想，春花般烂漫的少女，飘着青苹果的香气；成熟女子衣袂散发出神秘的龙涎香气味。无论是青苹果还是龙涎香的香气，都使人心驰神往。

清纯少女抹上一滴香水在手腕处，轻轻撩发之际散发着淡淡的香气，这是多么唯美的景象。香水让女孩成为一朵解语花，美丽又灵动。

俊秀的少妇在耳边涂上一点香水，散发一种干练之外的柔和。风韵十足的成熟女子在身上喷上香水，若有若无的香气使女人味又多了一味，优雅中透着舒服，幽香中蕴含气质，这样的女人能制造亲和的氛围。

所以，香水就是女人的名片，闻香识女人说得一点不假。那么应该怎么使用香水呢？

每个人要根据自己的气质和场合的不同来使用不同的香水。你用的香水不管是什么品牌或价位的，都要让人们通过香味认出你。你的香水就代表你身上独有的味道。

另外，用香水也有一些值得注意的事项：

● 不要直接把香水喷在皮肤上，尤其是脸上，香水中有一些化学成分会给皮肤造成一定的负担，尤其在太阳晒后，对皮肤有伤害。可以喷洒在衣服上，而且尽量不要太浓烈，淡淡的香味是最好的味道。在不影响别人的前提下，有一种似有似无的味道，神秘却不引起别人的不适。

● 不要对着敏感部位直喷，尤其不要喷在爱出汗的部位，那样不但影响汗腺，同时一旦和汗味混合在一起，会出现异样的混合味道，影响香水本来的味道。把香水喷洒在空中，你在下面转一圈，香香的雨雾就自然落在了身上和发丝上，既均匀又不会超量。

● 出门前20分钟喷香水是最适宜的时间，而且在公共场合不要不停补喷香水，第一是不太雅观，第二是要照顾一些对香味过敏的人。喷香水是个比较私人的事情，最好在家提前喷好，这是一种修养。

● 喷香水要注重场合，比如舞会，可以喷一些浓烈的，其他情况淡淡的就好，尤其是商务谈判的场合，最好不要使用香水，一旦对方不太喜欢香水的味道，就会影响谈判的顺利进行。

指甲：过得好不好，看指甲就知道

有句话是这样讲的：看一个女人精致不精致，不要看她是否化着美丽的妆容，也不要看她是否穿着时尚的服装，而是要看她光脚的时候脚后跟是否有老泥，脚指甲里是否有尘垢。细节决定成败，在美丽和精致方面更是如此，诸如指甲干净这样的小细节绝不能小瞧，一点小的不足就可以让本来的美丽大打折扣。另外，据心理学家分析，一个人过得好不好，指甲里藏着秘密。如果我们看见一个人虽素颜布衣，但却有白皙修长的手指、干净的指甲，无形中就会对他/她心生一种好感。反之，双手粗糙，指甲坑坑洼洼，甚至指甲缝里还有积存的污垢，那无论这个人的脸多么精致，都会让人对其美丽产生怀疑。

一方面，指甲关乎一个人的生活状态，是身体健康的晴雨表；另一方面，一个女人对于指甲的护理程度，能够反映出她是否爱生活、爱自己。生活状态不是很好的女人，没有精力和心情去照顾自己的健康，更不会花时间去打理自己的指甲，所以呈现出的指甲状态就是不整齐、不干净，更谈不上美甲。

所以不夸张地说，指甲是优雅和精致的另一种注解，是女人的另一张脸。拥有一双美丽的手，再按照自己的个性和喜好涂染修整出美丽指甲的女人更有女人味。美甲和护肤、化妆相比，更能反映女人的自我完善意识。无论是生活中还是工作中，女人需要保养的除了脸和头发，就是手和指甲。要想做一个精致的女人，首先要有漂亮的指甲，精致女人，从呵护自己的指甲开始。

现代女性从发型、妆容、着装、配饰，到手指甲的美容，可使整体的面貌焕然一新。每一个时尚的女孩子，都不会忽略身上可以变美的地方，就算指甲这么小的地方，也可以有很大的变美空间。

指甲有哪些注意的要点呢？

首先，指甲长并不代表美，指甲的长度适中就好，指甲越长，打理的难度越大，容易折断也容易藏污垢，不但需要精心呵护和清洁，还要预防断裂造成的不整齐。除了由于职业需求（比如跳舞的杨丽萍）需要留着长长的美甲外，普通人只需要长短适中即好，可根据自己的手指形状加以设计。

其次，美甲先要从健康的角度出发，然后才追求图案和色彩，如果用劣质的美甲漆，即使绘出了美丽的图案，也会给指甲造成负担和伤害，长久下去会出现指甲发黄、白斑甚至变脆的情况。

最后，不能长时间美甲。在参加一个活动或聚会前，可以根据需要进行美甲，但不能一年四季都给指甲穿上厚厚的衣裳。指甲作为身体的一部分，也起着代谢和呼吸的作用。如果指甲的负担过重，长此以往会让指甲变得不健康。

总体来说，我们需要全方位的美丽，需要在细节上下功夫，但更重要的是全方位的健康，美得更健康，健康才更美。

配饰：让女人更贵气

无论是“包治百病”，还是“饰品就是女人身边的男人”，都向我们传达了一个理念：配饰对于女人的重要性。对于女人来说，穿戴搭配不仅是“穿”衣服，还要“配戴”一些饰品。每一件首饰，每一个包包，都是个人风格主义的体现。相较于时装，配饰更像是女人的小心思，不经意间流露出独特的魅力和气息。

配饰搭配有讲究，搭配好了既时尚又洋气，搭配不好特俗气，所以女人除了穿衣搭配、美容化妆，配饰的搭配也是至关重要的一个环节。

女人不管穿得多么华贵，妆容多么精致，都需要饰品来装扮。饰品是让我们变得更加美丽的点缀，就好比红花与绿叶的完美搭配，爱美的女人怎么可能忽视了它的重要性呢?

无论是普通的聚会，还是隆重的派对、酒会，一对漂亮的耳环、一条夺目的项链、一款精致的手链、一款与服装身份相搭的包包、一条简约又不简单的丝巾……都能使你成为人群中的焦点。

搭配得当的饰品，会使你在举手投足之间散发无穷魅力。配饰是在任何场合都能锦上添花的重要工具，一条普通的裙子搭配了一条别致的项链，瞬间就变得格外靓丽了。一套隆重的礼服，搭配一对柔美的耳环，让你看起来更加精致。

相信每个年龄阶段的女性，都有许多令自己闪闪发光的饰品吧，因为好的饰品总是那么吸引人的目光，让你买完一个又买一个。

无论是哪一种饰品，要显示出美感，就得进行巧妙的匹配。女人的美，离不开生活和岁月的沉淀，但女人的美，也需要外在的一些东西增色，配饰正是这些外在的东西。就像莎士比亚说的，“珠宝首饰沉默不语，却比任何语言更能打动女人心”。

奥黛丽·赫本曾经说过，当我系上一条丝巾时，才前所未有地感到自己如此女人。一条彩色的丝巾能带来更醒目的细节感，让你很入流，还能让你简单的服饰充满层次感，调节你服饰的暗沉、单调，让你的基础单品成为特色，与众不同。一个精致的女人，从衣服到鞋子，再到发饰首饰等，都是用心搭配的。合理的搭配可以使人的整体形象和谐，产生美感。

配饰的搭配一定要符合自己的气质和风格，一些珠宝首饰，如果不能和佩戴者的个性完美结合的话，就不过是一些漂亮的石头。配饰不仅是外在的装饰品，更是身体的一部分，也是一种情绪的表达。

时髦又聪明的女人总是会从配饰入手追逐流行，别小看一件小小的配饰，它们的存在，让简单的衣物变得时髦、有趣、有个性。配饰比起流行的服装更容易驾驭。在细节处点缀，确实是最简单、最实用的跟风方式。

那么，在配饰搭配方面，都有哪些注意事项呢？

首先，配饰要符合身份。青春美少女尽量不要把自己变成“满身尽戴黄金甲”，搭配一些简单的小配饰就可以在青春无敌的基础上更活泼可爱，手表、项链、手链都是可选之物。如果是其他年龄段的话，是戴金还是戴玉就要看个人气质，以及服装、场合等。配饰是用来烘托一个女人的气质和美感的，绝对不是贵重的首饰戴在身上就能显气质、显漂亮。有很多长得漂亮的女人，不懂得如何搭配贵重首饰，单看衣服还没什么，可一旦注意到其首饰，看着就特别奇怪。

其次，配饰要简约大方，不是戴得越多就越好。尤其不要全身上下挂满叮当作响的珠宝去参加聚会或酒会。如果想显得年轻又性感，就绝对不要碰那些复杂耀眼的项链，尤其是珍珠项链，它们太能营造戏剧气氛了——会把你整个脸淹没在它们的光芒里。手镯就不一样了，多戴几个华贵时髦的手镯会让你显得别有品位，而简洁别致的头饰、耳钉也有同样的效果。在流行叠戴的今天，不管是手链、手表还是手镯、串珠等，都能叠戴，只要叠戴的方式合适，原本一般的首饰也能变得高大上。但是在选择质地和颜色上要下功夫，不然不但叠戴不出美感，还会显得很俗气。

最后，戴配饰的最终结果是要突出亮点、修饰缺点。选择饰品时，无论是性格、脸型，还是体态，都需要考虑在内。配饰有多重用途，如增加层次，提升质感，呼应服饰单品的设计细节，总之都是为了增加整体造型的可看度和时髦度。比如，脸型不好的人可以靠耳饰或眼镜来修饰，如果佩戴得当可以起到美化脸部线条的作用。脖子部位可以靠丝巾来突出美感，并且能够巧妙地达到“视觉转移”的效果。

无论多少种饰品，适合自己的才是最好的。最后，我要说的是书是女人最好的饰品。作为一个现代女性，一个期待精彩人生的女性，书是一定要看的，而且是看得越多越好。书会使你从骨子里提升品位，让你明白什么是真正的优雅，如何搭配才能更出彩、更有气质。

美的修炼：德美

美丽后面的高贵

这个世界漂亮女人很多，聪明女人也不少，但是高贵的女人却是凤毛麟角，高贵等于美出了新高度。在这个浮夸奢侈的世界里，女人要做到外表高贵不难，但要做一个内心高贵的人却不易。在这个处处充斥着欲望与交易的世界里，能保持一颗高贵的心才是人间翘楚。女人的高贵，不仅来源于外貌，更来源于内在的素养。

一个人的高贵，不在于出身和外貌，而在于肉眼看不到的美好品质。网络上曾经有过一个事例，几个农民工大哥怕自己一身灰土弄脏地铁里干净的座位，便坐在车厢的地上。而一位打扮时髦的妇人绕之而行，并有掩鼻皱眉之态。相较而言，这几个农民工更显高贵，而外表美丽、打扮入时的妇人却失了几分高贵。

女人的高贵，在于美好的品质、开阔的眼界和宏大的格局，在于她是否心中有德眼中有爱，是否能够宽容与体谅别人。

有很多女人，她们不是书香门第，也不是名门望族，甚至是出身寒门，但却成了众人心中的女神。她们高贵的气质，并不是天生的，而是来自内心的修炼，让高贵从骨子里散发出来，感染身边人。

高贵其实很难确切定义，人们可以借由自己心灵的高度去拉伸“高贵”的尺度。高贵不仅仅是显赫的出身、尊贵的地位，高贵更多的是高尚的品质、纯洁的精神，也是充盈的内心、强大的格局。

女人能够自我把控生活，顺应自己的内心，按照自己喜欢的方式过一生，让外在的形象和内在的修养和谐统一，这就是高贵。

中国美容时尚报社长张晓梅说：“我始终认为，女性的教养程度是衡量社会文明的一个重要标准，女人的教养决定着一个国家和民族的修养和前途。”我特别想告诉女性朋友的是，女性修养、女性魅力是需要用心体会和感悟的，它是女人修炼的结果。通过不断的修炼，每个女人都可以今天比昨天、明天比今天更有魅力。

那么，从哪些方面来修炼自己呢？

第一，心不为物役，把追求精神富足放在第一位。财与物，生不带来死不带去，能够让自己变得高贵的是精神世界的富足。毕竟外物难以掌控，你用3000元的包包，就有别人用3万元的包包，你开几十万的车，还有人开几百万的车，你住三居室，别人住豪华别墅。追求外物会让自己变得越来越累，而追求内在的丰富则不然，装在自己头脑中的知识和见识是别人拿不走的，但却非常有用。多看些好书，多出门走走，见见世面，对自己眼界的提高和精神境界的提升都有非常大的帮助。三观正确，精神丰富，才可以指导自己正确地行事，在说话与办事的时候，才会不落俗套，显得有魅力又高贵。

第二，从精神到生活，要学会放下，学会断舍离。如果不放下就会堆积，要学会把不喜欢的情绪和物质舍弃。女人想要走得更快更远，就要学会轻装上阵。学会放下，把那些没有用的包裹都抛下。那些不开心的、错误的事情，待从中吸取教训之后就可以丢掉，这样才会对自己的未来有帮助。

第三，懂得自我投资，不断学习。这是一个你不学习就会被淘汰的时代，学着如何变美，如何变好，学着如何让自己拥有更开阔的眼界和更强大的头脑。提升自己，不断学习，是女人一生的事业。在生活中，既要关注自己的外在容颜，也不要忽视了心灵的提升。高贵的女人从不甘心于眼前的平庸，懂得将时间、金钱、精力投资在自我提升上，而不是吃喝玩乐。

第四，为人处世温文尔雅。女人的高贵离不开“雅”，说话顺情顺理，遇事能够处之泰然，不让情绪时时爆发，这就是修养，就是高贵。无论对待身边的亲人朋友，还是对待陌生人，能够做到含蓄低调，不会到处炫耀自己，始终保持一种低调、内敛的神态，永远谦逊有礼。

第五，外在独立有个性，内在善良有爱心。活得高贵的女人懂得，经济独立是人格独立的开始。当一个女人有足够的经济能力，自己能把日子过好的时候，她就会活成岁月静好的模样。高贵的女人在经济和精神方面都非常独立，她们有自己的思想，工作努力，不去依附男人。越独立，越善良。她们不会为了依附而讨好，也不会为了争夺而算计，往往内心更纯粹、更善良。善良是为人处世之本，是做人的好品行。善良，是发自内心的美好，是人的美好品德。善良之人不仅仅美好，还美丽。

自信是女人优雅气质的原动力

有句励志的话是这样讲的：每个女人都应该做自己的 Big Girl。所谓 Big，是指大格局，大视野，新时代下的女性应该具有自己独立的人格和价值判断。

Girl 的内涵是初心与纯粹。Big Girl，心有猛虎，细嗅蔷薇，她们对幸福的追求很执着，割舍痛苦时也斩钉截铁。遇人遇事能够轻松应对，对自己有充分的自信。

女人只有自信起来，强大起来，才能生发优雅气质。为什么有些女人明明长得一般，却气场强大呢？说白了，就是她们有万分自信。

不管是妆容，还是穿衣搭配，都表现出了自信的一面。自信的女人，不但有姣好的容颜，而且有强大的内心，二者相辅相成。

不论什么领域，最闪亮的人往往是自信的人。自信的女人喜欢按照自己的方式来生活，无论在职场还是家庭，她们的心态都积极乐观，会把这些最阳光的东西随时传递给身边的人。

如何才能做到自信呢？所谓“腹有诗书气自华”“芙蓉不及美人妆”。真正的自信是外在 + 内在的双重力量。一个人拥有内外之美，才能真正自信起来。比如，董卿就是拥有自信的人。

无论是主持《中国诗词大会》还是《朗读者》，我们都能看到董卿浑身散发着的强大自信，那种自信不用刻意去表现，自然而然就能让人看到。这样的女子还有很多。

比如董明珠，在竞争残酷的商界闯荡出一片天地，被誉为商界“铁娘子”。

比如演员刘涛，在嫁给富有的丈夫后选择相夫教子，全身心投入家庭，又在丈夫遭遇挫折时挺身而出坚强面对，帮丈夫和整个家庭渡过难关，成为最大气的女人。

比如《哈利·波特》的作者罗琳，曾是靠失业救济金过活的单亲妈妈，如今却是身价8.75亿英镑的英国富婆。从一个连房租都无法负担的单身母亲到畅销书榜首作者，她不但凭着自己的力量拯救了自己和家庭，还为全世界点亮了科幻和想象的明灯。

尽管在不同的领域，有不同的身份，但在她们身上，我们看到了女人的自信。这种自信是董明珠打拼事业时的“巾帼不让须眉”，是董卿文化素养提升时的“宝剑锋从磨砺出”，是刘涛遇到低谷时的“不言苦累”，是罗琳在遭遇生活痛击时的“置之死地而后生”。

一个女人的自信来自阅历。当她经历过足够多的事、见识过足够多的人之后，就不会大惊小怪，就算面临再大的困境和意外，也会保持淡然。这种自信来自独立的思想和经济基础。独立是一个女人能够活得精彩的保障，正是这种无所依赖的坚强和自信让一个女人充满气质。

读书和运动，总要有一个在路上

我们常讲颜值，有颜值的人具备无形的竞争力。外形的颜值加上精神颜值，就会成为真正的实力。精神颜值怎么产生呢？主要靠身心的涵养，途径就是读书和运动。所以，读书和运动应是一个人生活的两翼，像吃饭、睡觉一样成为生活中不可分割的部分。

我国台湾作家林清玄在《生命的化妆》一书中与化妆师这样问答："你研究化妆这么多年，到底什么样的人才算会化妆？化妆的最高境界到底是什么？"

"化妆只是最末的一个枝节，它能改变的事实很少。深一层的化妆是改变体质，让一个人改变生活方式。睡眠充足，注意运动与营养，这样她的皮肤改善、精神充足，比化妆有效得多。再深一层的化妆是改变气质，多读书，多思考，对生活乐观，对生命有信心，自爱而尊严，这样的人就算不化妆也丑不到哪里去。我用三句简单的话来说明，三流的化妆是脸上的化妆，二流的化妆是精神的化妆，一流的化妆是生命的化妆。"

从这段话中我们悟出一个道理，外表的化妆只是改变了一点点表象，而精神颜值的改变需要从内里下手才行。改变无非是两条途径：读书，即读万卷书；运动，让汗水带走身心的毒素。

有些女人越来越丑，岁月于她们而言是残酷的刀，她们哀叹年老色衰。有些女人越来越有情调，岁月于她们而言是温柔的风，她们活得没有年龄感。后者一定是具备内外兼养的智慧，既有读书滋养的生活智慧，又有运动带来的健康体态。所以，是越来越丑还是越来越美，主动权在自己手里。

有一部分女人对自己的男人不满意。可是，有些情况下是女人自己变了，而不全是男人变了。有的女人不但相貌变得粗俗了，性格和思想也粗俗了，这样男人不但会烦还会躲。

女人变丑往往存在几个方面的原因：一是不学习，有人说一天不读书说话要爆粗，一月不读书智商开始输；二是不运动，胡吃海塞外加不注意保持身材，让身体走了形；三是岁月无情，增长的是年龄，流走的是胶原蛋白和青春活力。

所以，要让精彩继续或逆生长，唯有读书和运动不可辜负。多读书读好书，只有读书才能懂道理，提升思想境界。作家三毛说：读书多了，容颜自然改变。许多时候，自己可能以为许多看过的书籍都成过眼云烟，不复记忆，其实它们仍是潜在气质里，在谈吐上，在胸襟的无涯。当然也可能显露在生活和文字中。此外，要运动健身，把自己打造成健康向上、体型优美的女人。

有个短片《只有你可以改变你自己》，讲述了一个胖女孩的故事：女孩生活在一个偏远的村庄，因为很胖，从小就遭到同龄人无尽的嘲笑和欺负。“猪头！肥佬……”无数次，当女孩从噩梦中惊醒时，耳边总是回响着这样的嘲笑声。为此，女孩很痛苦自卑，想要变漂亮，却不知道该怎么办。女孩的奶奶告诉她：“村子后方山丘上，有个枯井。有一个传说，无论谁用水把枯井灌满，玉皇大帝就会现身，帮助他实现一个愿望……”听完奶奶的话，女孩抹干脸上的泪水，蓦地升腾起无限的希望。为了得到玉帝的救赎，她决心去把那口枯井灌满。于是她提上两只空木桶，迈动步伐，坚定地开始一趟趟挑水的路程。从此不管别人如何嘲笑，也不论风吹雨淋，就算手受伤也不停下，誓要水满枯井。终于到了井满水溢的那一天，女孩抬头高喊：玉帝你在哪里啊？可空荡的山上，只有她一个人孤零零的身影。以为又是一场梦的女孩，却在低头的瞬间，看到井水倒映出的清秀脸庞和苗条身材。

故事很简单也很励志，它告诉人们：只有自己才可以改变自己，也只有自己下定决心想要变好，才能真正改变。

读书与运动，前者活跃思维，后者活跃筋骨。做与不做，短期内差异甚微，日积月累，终成天渊之别。要好命，唯此二者不可辜负，越自律越自由。

有很多自律的女性，健身、跑步、瑜伽、读书，成功戒掉了熬夜的习惯，开始早睡早起锻炼身体；饮食上开始注重养生；渐渐重视起自己的肌肤和身材，开始内调外养，让自己看起来更年轻态。

这是一种克制、自律、健康的状态。读书，是去探索生命的深度；运动，是去拓展生命的张力。运动是保持健康和年轻的秘诀，爱运动的人，五官不一定惊艳，但体型和样子一定差不到哪里去。如果说减肥、化妆是女人追求美的手段，那么运动、健身就是从本质上变美的方式。维持细腰平腹没有太多捷径，运动才是正途。20岁不运动也苗条，40岁时一周运动两三天就可维持身材，50岁时需要四五天，60岁后需要天天运动。

读书和运动要趁早，赶早不赶晚。40岁时要感谢20岁时努力的自己，60岁时要感谢40岁时努力的自己，80岁时要感谢60岁时努力的自己。

读书和运动，谁都可以去做，只要从生出想法的那刻开始坚持，终究会享受到自己慢慢变好的回馈。读书，可以作为消遣，可以增长才干，可以改变容颜，可以提升谈吐、拓展胸襟、升华气质，指引我们前进的方向，给予我们穿越迷茫黑暗的勇气。不仅如此，精神上的各种缺陷，都可以通过读书来改善。读书+运动会让一个人减掉身上的脂肪，增加内在的智慧，在生命的旅程中更有意义。

不要让情绪绑架了自己

美国心理学家大卫·R. 霍金斯提出了“能量层级理论”。能量层级最高的为开悟，紧跟其后依次为平和、喜悦、爱，悲伤、冷漠、内疚是等级很低的，而羞愧的等级最低。

这些能量层级都与“情绪”有关，好的情绪带来平和、喜悦、爱，坏的情绪带来悲伤、冷漠、内疚。毋庸置疑，那些内在平和喜悦而充满爱的人，精神和气质一定是优雅从容的，反之，那些悲伤、内疚甚至有羞愧感觉的人，无论是外形还是精神一定会大打折扣。

所以，好的精神颜值都是修炼出来的。要察觉自己的情绪，为自己营造平和的心态，修炼自己高层次的能量级别。

一个内在平和的女人，表现在外的一定是优雅淡定的，比如红楼梦中的薛宝钗。一个总是抑郁的人，会形成抑郁的气质，心事重重，显得比较阴沉，比如林黛玉。

情绪对健康的影响非常大，糟糕的情绪憋在体内，会持续破坏人的精神状态，超过一半的疾病都来自负面的情绪。

情绪失调的人容易肝气不舒、气机阻滞，甚至引发抑郁症。

长期携带负面情绪更会伤害器官，尤其是女人身上许多器官都受情绪影响。今天我们就来说说垃圾情绪对女人的危害，希望女性能妥善管理自己的情绪。

积极或消极，往往是人内在的情绪在作怪。事实上，情绪没有好坏，只是一个人看待情绪的态度把情绪分成了好的或坏的。

换个说法，你说哭是个好情绪还是坏情绪？哭泣在微笑面前，似乎是坏的，而如果因为哭一次带走身体里的负能量，我认为哭泣就是好的；反之，那种明明内心很受伤，却努力去笑的人，装出的笑反而是坏的。所以，无论是好情绪，还是坏情绪，都要接纳。有句话说得很好：想哭就哭出来，然后忘了它。在我看来，这就是对于情绪最好的接纳。接纳情绪是不让情绪绑架了自己。

一个人不可能永远积极向上、阳光乐观。遭遇坏情绪时，我们越是抗拒，越是想用强力手段除去它，它就越可能成为我们生活中的巨大阴影。

相反，如果我们能够坦然地接纳、感受这些坏情绪，并耐心地疏导这些坏情绪，这些情绪本身也可以给我们带来成长的力量。

我认识一个做心理疗愈的女孩，她最初是一个被医生判了半个死刑的宫颈癌高危患者。用她的话说，她从来没有想过自己一直阳光的天空会出现晴天霹雳。她最初一直以为是医生误诊了，当她又去几个大医院检查，明确了自己就是宫颈癌高危患者的时候，她整个人并不能接纳这突如其来的疾病。不相信，很痛苦，这样的状态持续了很长的时间。她说："你知道吗？在那种状态下，身边所有的亲人好友说的'不要害怕、没事的'这些关心的话，是完全被屏蔽的，是听不进去的，是进不到心里的，就像自己被隔绝了一样。好像自己一个人，跑在黑暗当中，前面没有任何光亮。"

最终让她走出来的是一个有着心理学经验的老中医，他对她说："这个病虽然是癌前病变的一种，但相比其他的癌症，它并不凶险，有的人带着癌前病变生活一辈子。只要心态好，这个病本身并不可怕。很多人都是被自己吓到了。坦然接受和面对自己的病情，反而对病有帮助。"

老中医的话让她开始思考关于面对疾病的心态问题。她自驾游了一个月，尽情流泪，尽情释放自己的负面情绪。在那么痛苦的坚持里，突然有一天她在思考与冥想中领悟了："我要好好地接纳身上发生的这一切，别人不能代替我，我与其每天那么恐惧地生活，还不如开开心心地去面对。时间都是一样的，痛苦恐惧可以过一天，开心也是过一天，痛苦与恐惧不能解决任何问题，还不如更珍惜生命去生活，去做自己想做的事。不健康的子宫是我身体的一部分，我应该好好地跟它相处，好好地拥抱它，积极地去面对它。好在，我还没到四十就知道了这个病，让我知道了我身体的状态，而不是到了癌症晚期才知道，这也是一种幸运，这样就可以让我有时间将危险降到最低，也在另一方面让我更珍爱生命。"

这样，她开始渐渐接纳自己的状态，也积极参加冥想疗愈课，把自己的疾病从头脑里放下，半年后复查，她原本的高危癌前病变竟然没有发展，而是比之前发现的要好很多。医生说是她的好心态战胜了疾病。

当我们执着于想要控制情绪的时候，我们在做什么呢？其实就是不接纳情绪。当一个人真正觉察自己情绪的时候，就会发现，百分之九十以上的痛苦来自抗拒和不接纳。譬如发生了一个重大创伤事件，人们会陷入极度的痛苦之中，这往往是因为无法面对、无法接受或者说不接纳已经发生的既成事实。对抗的结果是什么呢？就是越来越陷入痛苦情绪中，无法自拔。不能面对，躲在自己的情绪里自怨自艾，其本质还是逃避，而越是不想要这些情绪，越会发现情绪越来越糟。如此循环往复，日复一日地挣扎，怎能不痛苦呢？所以，疗愈情绪的第一件事，就是释放内心的抗拒。

接纳那个不健康的、不快乐的自己，当别人关心的话进入不到自己的内心时，记得要好好拥抱自己，与坏情绪对话，然后和解。知道自己很辛苦，但在黑暗的路上成为自己的光，这道光就是接纳，无论是好情绪还是坏情绪，学会了接纳，事情就会出现转机。

女子有德是家庭最好的风水

现在大部分的观点认为，推动世界的手是推动摇篮的手，女人的福是全家的福，好女人旺三代，这些观点都指向了一个重要的方面，即女人对一个家庭的重要性。所以，既然女同胞们担负着家国使命，影响从家庭到社会到全人类的福祉，那么，女人就要修炼自身的德与才。不夸张地说，一个德才兼备的好女人是家庭上等的风水。

很多人相信风水，认为无论是做生意还是居家过日子，好的风水可以助生意兴隆、家庭兴旺。所以，女人如果自带好风水，就一定会给家庭带来温馨和快乐。因为科学研究发现，一个自带能量的人能造就一个温暖和谐的家，反过来，浑身负能量的人会导致家里天天鸡飞狗跳，人的身心又怎能安好？

人造住宅就是这个道理。

网上有个故事：一个人请风水先生去自家墓地看风水，途中远远看到墓地方向鸟雀纷飞，于是他猜是有孩子在旁边的树上摘果子，怕到了那里吓得孩子从树上掉下来，就停车不前。然后风水先生说："你家的风水不用看了，就你们这样的人家，干什么都会顺当的。"

那人不解，风水先生一语道破：“世间最好的风水，是人品！”人的善良品性，足以改变坏风水的影响。

孙中山先生说：“天下的太平安危看女人，家庭的盛衰看母亲。”这是对女人最高的赞许，也是最大的期望。

一个家庭的家风家道建设，女人要负更多的责任。

一个家庭的安定幸福，女人的作用超过男人。

一个通情达理的女人是家庭润滑剂，是联结家庭成员情感的桥梁和纽带。

风水通过女性能量而体现，女性能量是上帝赋予女人最美的礼物，是世间最滋润最富有生命力的能量，柔软、接纳、慈爱、温暖。

家里有一个女人，家庭成员才能感觉到温暖和舒适，女人是家里的风水。一个家庭是否幸福、平安，后代能否成才，和这个家庭中的女主人的为人处世，怎样对待男人、孩子有着很大的关系。女人心身端正、乐善好施、心地善良，会为家庭及子孙后代带来无尽福德。女人天生就是水做的，这个水就是家里的风水。

当然，要成为一个具备“上等风水”的人并不容易。每个女性扮演着生活中的多重角色，面临着家务、工作、孩子、夫妻关系等压力，一不小心就把自己变成了不停蹬轮子的“仓鼠”。因为疲于应付生活中各种事务，导致自己身心疲倦，原本的好心情不见了，好脸色不见了，好语调也不见了。孩子觉得妈妈脾气太坏，需要一个“灭火器”；丈夫觉得妻子太能发牢骚，需要备点“下火药”。这种情况下的女性，还谈什么悦人悦己好颜色，纯粹活成了黄脸婆，每天摆着一张“破坏风水的脸”。

一旦到了这样的地步，女人不但给家庭带不来正向积极的能量，自身也会出现各种各样的不适。当能量阻滞，大部分人会无意识地培养出障碍自己的信念，会成为一个不自在、不自然、反复束缚自己的人，在现实生活中就容易陷入各种烦恼。这个时候，似乎德也没有了，才也没有了，只剩下了暗无天日的生活和疲于招架的麻烦。

相反，通过学习和成长，女性可以调适身心，允许能量通过自己的生命流动，体验身心合一的力量与价值感，创造自己与他人的和谐“小宇宙”。

我经常对我的客户和朋友们说，一个女人的美不在于是家庭主妇，还是职场女强人，不在于是窈窕淑女还是半老徐娘，不在于是刚谈恋爱的懵懂青涩，还是走进围城的成熟稳重，真正重要的是：能不能扮演好自己当下的角色，并在角色转换中进退自如。

智慧的女人，可以全然享受工作，享受生活，让工作和生活全然同频；可以全然享受爱情，享受婚姻，让爱情和婚姻同频；全然享受家庭，享受事业，让家庭和事业同频。智慧的女人，拥有完整独立的人格，在经济上她不会依赖任何人，因为她懂得坚实的经济基础是维护自我尊严的基础，通过经济的独立，可以享受获得成功的满足感；在精神世界，她不是男人的附属品，懂得通过交友、读书、写作、思考，充实自己的内心，并能学会享受独处的乐趣。

当一个女人开始在意自己是整个家的能量的时候，她会有意识地从外到内去提升自己，让自己变得有修为有能量。

从外在来看，她会把自己打扮得干干净净，把家收拾得整整齐齐。从内在来看，她不再斤斤计较，小肚鸡肠，无事生非，会表现得善解人意，通情达理。所有外在显现出来的美好的东西，都会重复吸引跟自己同频的美好。你是什么，就吸引什么，就创造什么，在我看来，这就是风水。

德才兼备的女子是爱与美的化身，走到哪里旺哪里，是引导家庭和社会前进的力量。

美的修炼：智美

葆有年轻的心，才会真年轻

一个电视节目中，一位年龄成谜的妈妈上场表演了一个自编自导自演的有氧体操节目，整个节目下来，评委们的表情都是把嘴张成“O”形。评委和观众一致认为这位妈妈肯定是刚刚生产以后为了保持完美身材才如此近乎苛刻地要求自己。结果当这位妈妈说自己已经57岁的时候，全场惊呼。20岁的魔鬼身材，精致美丽的天使面孔，浑身散发着满满的少女元气，竟然是一位57岁的阿姨，而且孩子已经大学毕业参加了工作。

这个世界上，有一些女人把年龄活成了谜，挑战岁月挑战自己，完美实现了逆生长。

我认为，这些女人之所以能不惧年龄，展现出年轻态，往往是因为有一颗年轻的心。心年轻才敢于追求年轻，心年轻才敢于去做不符合年龄的事，才敢于挑战，才愿意去做让自己更年轻的事。

有的人刚过 30 岁，就感叹：唉，老了，做什么都提不起兴趣了。有的人干脆认命，觉得都三十好几的人了，还美什么美，会把所有的精力用在鞭策自己孩子身上，却不再努力保养自己。而还有一些人，即使已经 50 岁了，依然会说自己很年轻，离老还远得很。

我也常和朋友开玩笑说：认为自己老是因为太闲了，闲得天天掰着指头数日子，天天对着镜子数自己脸上添了几道皱纹，头上多了几根白发。而一个全身心投入在自己热爱的事业里的人，是没有时间关心自己老不老的。

有一颗年轻的心，才能真正年轻。

现代社会，越来越大的家庭重担压在女人的肩膀上。相夫教子、工作和家庭，种种事情让女人渐渐失去了留给自己的那一点时间。很多女人不再具有年轻的心态，甚至大部分女人信奉女人就应该“付出、牺牲、隐忍”，所以没有勇气去追求属于自己的东西，比如自由、年轻和美丽。

常见为孩子累弯了腰、憔悴不堪的妈妈。孩子小的时候，妈妈操心吃喝拉撒睡；大了，担心分数、择业。当妈是该操心，但要有度。孩子有孩子的人生，妈妈有妈妈的人生，偏离了轨道，妈妈不是好妈妈，只是个老妈子。老妈子的人生，哪有亮色，哪会美？

小时候常听长辈说，不要愁眉苦脸，你会越长越丑的。当时觉得是开玩笑，现在看是真理。一个人的内心，会随着他 / 她的经历而日积月累地表现到面容上。豁达的人生会带来舒展的面容，阴暗或者迷茫的人生会带来小气的面容。这种心态还会逐渐影响到你的人生轨迹，甚至影响到你的命运。

心理学家认为，人有三个年龄：一是实际年龄；二是生理年龄，就是岁月在身上留下的痕迹（外界给予的年龄判断）；三是心理年龄。在这三个年龄中，实际年龄是改变不了的。生理年龄是因人而异的，有的人 60 岁看起来像 40 岁，有的人 40 岁看起来像 60 岁，前者借助外在的医美手段，或者依靠自律和坚持。心理年龄是可以由自己去掌控的，比如，要把自己定位成活力满满的人，定位成优雅智慧的人，即使只能做一个家庭主妇，也要一直拥有年轻的心态。

影视圈里有很多女神，许晴就是其中之一。她的美和她的心态有直接的关系。在拍摄《花儿与少年》的剧组里，许晴的房间镜子上贴满了Hello Kitty的贴纸，即使上节目露脸，也抱着Hello Kitty的玩偶。这说明快要奔五的许晴把自己当成了少女。所以，美不美、年轻不年轻靠的不仅是天生的美丽基因和后天的打造，更重要的是积极的心理暗示。你敢不敢年轻直接决定你能不能年轻，能不能打败岁月。

从外表来讲，当你从内心觉得自己很漂亮的时候，久而久之别人也会觉得你很漂亮。真正的好心态不是别人给的，而是你自己不论身处何方，不论是在喧闹的人群中，还是一个人独处，都能葆有一份内在的纯粹和信念，这个才是最重要的。

止语慎言是见识和优雅

佛家常讲人要“积口德”，要“口吐莲花”，这样才能不造口业。什么意思呢？就是人要注意自己说话的方式和分寸，要知道什么该说，什么不该说，尽量说好听的话让人舒服，而不要口无遮拦说一些让人反感的话，更不能说恶毒的话给自己和别人带来负能量。“良言一句三冬暖，恶语伤人六月寒”就是这个道理。

积口德就是好好说话，用四个字来概括就是：止语慎言。能够做到止语慎言的人不但有修养，更有智慧。独处时守心，群处时守嘴，人要知道哪些场合说哪些话，见到什么人说什么话，什么样的话会给人带去帮助，什么样的话给人带去不爽。

很多金句都是讲止语慎言的，比如“多言不表明有才智”“不要让你的舌头超出你的思想”“我们之所以有两只耳朵一张嘴，是为了让我们多听少说”“唯有少言才能多思，思想者没有工夫说废话”。

一个女人如果说话温柔不咄咄逼人，当说则说当止则止，而且能把话说到别人心坎里，就是高情商的人。所谓情商高的人，并不是故意去迎合对方，而是他们更在意对方的感受，让对方“觉得舒服”。

情商越高的人，越懂得尊重别人，他们更懂得尊重中包含的平等、人格和修养的意义。一个会说话的人，无论情绪怎样，压力多大，都会心平气和地说话。而情商低的人，容易被情绪控制，从而口不择言，话一说出口便暴露了其弱点。

人们说话的动机有很多，有些是因为空虚烦恼而不吐不快，有些是要表达自己的博学多才，有些是因为好强争辩，还有些纯属没事找事。止语，就是闭嘴，是一种很高的修养。学会闭嘴，是生活中人际交往的艺术；懂得闭嘴，是使内心时刻保持清净警觉的涵养；做到闭嘴，是知行合一后的从心所欲而不逾矩。止语的人往往更善于倾听，而一个真正聪明的沟通者，往往是从学会倾听开始的。说得多难免失言，听得多往往能听到玄机。

真相是用心体会、用做事呈现的，而并非在争执之间见分晓。再好的辩手，争得他人哑口无言，也只是在知识、道理、技巧上比别人高明，却不见得在接近真相上有多么高明。相反，说得越好，往往离事实真相越远。

止语的人，内心更笃定，不需要通过语言宣泄情绪，不需要通过和别人争辩来产生快感，更不会三五成群地诋毁别人。一个只懂得说话不懂得闭嘴的女人，是一个不会生活的人，她的心一定是茫然和空虚的。说得少，反而变得清净，听得多，反而让自己学会了分辨，让自己和他人获得安宁，增加智慧。

在说任何话之前，先问问自己，是否有必要说？若是不必说就别说，若是说到某个地方，达到那个界点了，就要学会止语。有时候你的一时之快，却让他人为此承担了本不必要的麻烦或痛苦。

学会止语的人，往往在讲话的时候很谨慎，不会不分场合，也不会不顾身份，更不会口无遮拦，会考虑好了才说。

看两个场景：

其一：

公司午休时间，同事们都在闲聊，小爱也加入了进去，为了能快速获得别人的认同，她说起了公司加班的问题，提出不想加班并且吐苦水，说什么老板不体谅，家里有孩子不容易，加班也没有加班费……大家也都附和着她的言论，点头赞许。不久之后，大家渐渐疏远她，不怎么和她聊天了，很快公司就给她下了解雇通知。她这才明白，说多错多，闲聊的时候大家都像是一条船上的战友，都跟着她一起吐苦水，但有的同事可能把她的苦水转述给了老板。诉说心事虽然能很快使自己成为众人的焦点，但也很快会接近被解雇的边缘。

其二：

小贺家庭条件不错，平日里丈夫在外打拼，她安心在家陪伴孩子，而且她与闺密之间无话不谈。有段时间丈夫因为工作繁忙忘记了她的生日，小贺心里不舒服，并没有主动跟丈夫说这件事，而是找闺密倒苦水，说自己的丈夫不在意自己。闺密属于那种看热闹不嫌事儿大的人，对她煽风点火地说她男人肯定在外面有了人，才长时间不回家而且还记不住她的生日，并且给小贺出谋划策让她试探自己的丈夫。于是，小贺隔三岔五就去丈夫的公司突然袭击，而且还偷偷翻丈夫的手机朋友圈和联系人，她只要觉得可疑就会打电话过去质问，并查丈夫入住的酒店信息和信用卡消费记录，以期找到蛛丝马迹。丈夫知道这些事后，非常生气，认为妻子不信任自己，而且没事找事，两个人为此吵了一架，关系越来越僵。小贺抱怨是自己的闺密鼓动自己才导致了这样的结果，而闺密却认定是她的丈夫有了外遇才这么对待她。就这样，原本风平浪静的小家庭变得硝烟四起。

以上的场景我们很熟悉，最后的不良结果都是当事人不慎言引起的，如果能够止语慎言，职场上就会少一些被炒鱿鱼的风险，家庭中也会少一些矛盾的产生。

所以，有智慧的女人会把止语慎言当作修养，内在越有内涵，内心越丰盈，越是沉稳。一个懂得止语慎言的人，不会动不动就把自己放在嘴边，这样会不小心暴露自己的弱点。

有格局的女人知道什么场合说什么话，能够照顾别人的情绪，而不是为了发泄自己心中的不满去拱火，即使自己有情绪也会在说话的时候想几分钟再出口。会说话，是一个人优秀的品质。我国台湾主持人蔡康永说：“你越会说话，别人听着越舒服和快乐。别人越快乐，就会越喜欢你。别人越喜欢你，你得到的帮助就越多，你会越快乐。”可见，会说话带来的是积极正面的良性循环。

无论在工作上还是生活中，会好好说话和有话能好好说都是一种修养，即便我们因为年轻或是固执很难做到，至少也应该不断向“止语慎言”这个境界修炼。

知性美，不会让女人沦为花瓶

《孟子·尽心上》言："尽其心者，知其性也。知其性，则知天矣。""知性"被译为"理智"或"悟性"。"有内涵，有见识"等同于"有魅力"，知性女人内心丰富，气质取胜，且十分耐读。

杨澜在《天下女人》栏目中谈道，完美的女人有三个标准：第一，貌美，在普通大众的审美价值中，貌美就是美的。第二，高贵感，不是指贵族气质，而是一个女性表现出来的有知识、有修养。第三，性感，不是指搔首弄姿，而是一种女性魅力，一种由内而外流露出的气质。

在我看来，这三个标准总结起来不外乎“知性”二字。第一，知性美首先是外貌的舒服，因为具备了“知”美，腹有诗书气自华，所以貌一定是美的。第二，知性美的人在言谈举止中传达出的感觉就是高贵感，说话做事很有内涵。第三，具备知性美的女子很性感，因为知识是最华丽的外衣，显露才华比显露肌肤更性感。最重要的一点，当一个女人具备了知性美，无论长得多美，大家都会觉得她是才貌双全，而不仅仅是花瓶。

知性与美丽、性感并不矛盾。知性是学识、美丽、豁达、自立的综合。知性代表成熟，代表历经岁月后的沉淀，也代表一种精神财富。有了“知性”这个财富，女人的心便少了许多茫然和焦躁，无意中流露出一种岁月历练后的美丽与智慧。拥有知性美的女人似水，年轻时好比山涧里欢快奔流的小溪，活力四射；中年时则像宽阔平稳的江河，婉约有致、内涵丰富。

知性，是介于感性和理性之间的一种认知能力，这个“知”，不仅指知识，还指智慧，一种能够把握幸福的智慧。这种智慧的具体表现是聪明但不精明，成熟但不世故，淡泊却不淡漠。不是开口诗词闭口文学，也不是满腹经纶，而是恰到好处的处世态度，给人传达出淡定从容与优雅自信。不一定富贵排场事业辉煌，但具有独立自在的魅力。

在知性美方面，董卿可以说是一个典型的代表。

董卿作为一个学霸级的主持人，机敏聪慧，亲切自然，带着满满的文化气息，向人们展示了她的良好语言功力和强大的专业素养。人们不得不钦佩董卿完善的知识结构、强烈的人文关怀、灵活的控场能力和良好的语言素养，这些特点使得她表现出了一种特有的淡定、自信和机敏，形成了强烈的“场”效应，那含蓄内敛的气质赋予了她收放自如的大气和沉稳，那一份积淀了淡定与自信的美丽留给观众特别深的印象。

所谓“岁月从不败美人”，说的大抵就是那种全身散发着“知性美”的人，这种人工作、学习、生活样样都不放弃，属于芳华自现的女人。

例如，长相并不出众的普莉希拉，之所以能够吸引 Facebook 创始人扎克伯格，能够一边生孩子一边做慈善，一边还兼任 CEO，凭借的就是自己超高的智慧与学识。作为哈佛医学院的超级学霸，普莉希拉早早就收获了扎克伯格的爱慕。

例如，聪明、睿智的杨澜，即使在已经很成功的时候，也不停止学习，有才华，有爱心，自信而优雅，把“知性美”诠释得淋漓尽致。

有这样一段话：“真正的美人，有着闻过书香的鼻，有着吟过古诗的嘴，有着赏过字画的眼。”也许这样的美，一时比不了艳俗美，但是经过岁月的沉淀，知性美更加持久。

这些女人既有工作能力，又不忘初心，不断学习提升自己。这世上没有人能随随便便成功，世界总是在偷偷奖励自我提升的人。一旦学识和修养兼备，就会成为具有知性美的人。这样的人不管多美，都会让人感觉美得有底气、有内涵。

女人要学会“富养自己”

女人，首先是作为一个独立的人存在，然后才有其他属性，如扮演妻子或者母亲。虽然“男女平等”的口号喊了很多年，但真正意识形态上男女还没有达到完全平等，很多女人依然是在附属身份上找到属于自己的价值，比如当一个好妻子、好母亲。其实，女人真正的价值就是用自己喜欢的方式在这个世界独立存在。

女人幸福的定义似乎都是和“女人”这个身份相关，而不是和“自己”相关。在未婚时，被认为结了婚才幸福；结了婚被认为有了孩子才幸福。如果是和“自己”相关，那么幸福的定义应该是不结婚也可以幸福，不生孩子也可以快乐。因为女人是一个独立的个体，拥有着自己独特的生活方式，无论怎样活都是自己的事情。

波伏娃在《第二性》中说，人们将女人关闭在厨房里或者闺房内，却惊奇于她的视野有限；人们折断了她的翅膀，却哀叹她不会飞翔。但愿人们给她开放未来，她再也不会被迫待在目前。

女人的智慧来自真正认识自己，找到自己，并且尽最大可能去富养自己，追求自我人格上的自己，然后才是作为第二性的“女人”。

“女性”这个概念是新文化运动的产物。在此之前，女人只是一种“相对的存在”。古人说，在家从父，出嫁从夫，夫死从子。也就是说，离开了男人这个参照物，也就无所谓“女人”了。

有多少女生，长大后，所做的一切就是待价而沽？有很多婚姻专家在不厌其烦地教导女生如何才能待价而沽，有很多女生把“嫁个人”当成人生的终点，把“嫁个好人”当成碾压其他同性的标配。

很多女人已经知道这种状态很不平等，开始渐渐明白“自己”的重要性，开始在扮演妻子、女儿、母亲的过程中找到那个被忽略的自己。就像有个作家说的那样：20岁的姑娘，请狠狠宠爱自己如公主。30岁的女人，请自律自立自强当女王。用公主心，尽情享受爱里的千般宠溺万般呵护。用女王范，坚定明确稳稳地给自己的人生控股。你曾经美丽的公主裙，终会成为你风光的铠甲衣。所以，没有人把你当公主的时候，你要记得，自己是自己的公主。

女人在生活中要独立，要完整，要丰富，爱情既不是牺牲、奉献，也不是等价交换；亲情不是依附与服从，也不是牺牲和一味付出，女人最重要的是应该有自己的姿态和独立的灵魂。不依附、不隶属、不将就，才会换来对方的矢志不渝。

有一类女人，当了妈妈以后，特别富有自我奉献和牺牲精神。有的为了富养孩子而牺牲了自己，全身心地投入家庭中，割舍了原本非常不错的工作，变成了全职太太；有的为了给孩子买一件名牌衣服，自己宁愿买地摊货；有的为了给孩子报一个课外学习班，自己宁可放弃一套护肤品。有些妈妈奉献得心不甘情不愿，如果孩子没有达到自己的预期，就会对孩子抱怨：我不上班都是为了你，你咋不争气呢？我省吃俭用还不是为了让你生活得更好，你怎么能这么回报我呢？

我相信说这话的妈妈大有人在。我心疼这些妈妈的过度牺牲和失去自我，但为什么有了孩子就一定要以自己放弃工作为代价？为什么给孩子吃好穿好而委屈自己？这样的做法，就是不爱自己。一个不爱自己的人，怎么可能推己及人，去爱别人呢？

一个人不管爱过多少人，不管爱得多么痛苦或快乐，最后，不是学会了怎样去恋爱，而是学会了怎样爱自己。

女人无论知识多么渊博，最好的知识就是爱自己。王菲在《给自己的情书》中唱道：自己都不爱，怎么相爱！

当一个女人开始富养自己的时候，带给孩子的就是积极的能量和生活态度。一个妈妈过度为孩子做出牺牲，不一定会得到孩子的感恩戴德，再说，一个妈妈最好的状态是教给孩子如何活得更好，而不是牺牲得更多。

女士们不妨问问自己：

我爱过自己吗？

我细心地照顾过自己吗？

我关注过自己的喜怒哀乐吗？

我主动去满足过自己的需要和渴望吗？

一个不会富养自己的人，内心是缺乏爱的，又怎么可能教给孩子什么是真正的爱，又怎么能够用自己的方式去富养别人？富养自己的人，才会带着爱去理解和尊重身边的人，包括她的孩子和丈夫。

爱别人很容易，爱自己却很难。女人一生当中，爱丈夫爱孩子爱父母，却唯独忘了爱自己。人世纷杂，只有懂得爱自己的人，才能扮演好不同的角色。我们终其一生所追求的，就是摆脱别人的期待，成为最好的自己。

当你爱自己时，你才值得被爱！

魅力与美丽之间的桥梁

女人不管到了什么年龄，唯一可以对抗岁月、让自己不断绽放芳华的就是“腹有诗书”。青春易逝，而我们保持青春、保持优雅的方式从来只有一种，那就是丰富自己的内心，提升自己的素养，如此，才可同匆匆易逝的岁月一较高下。

一个女人，书读得多，积累起来的思想就丰富、眼界就开阔，很少有人能骗得到她，做任何事都更有逻辑和更有效果。最重要的是，通过书里的人、事、物来了解自己，知道自己穿什么衣服漂亮，说什么话好听，交什么朋友靠谱，拥有什么样的婚姻幸福。书既是女人华丽的外衣，又是对抗世俗坚硬的铠甲。

有一个这样的故事：

有一位女学者到一位教授家中做客。一进门，她就看到了教授5岁的小女儿。当她把礼物送给小女孩的时候，小女孩微笑着向她道谢。这时，她禁不住夸奖道："你长得这么漂亮，真是可爱极了！"但教授却不领情，对学者说："你伤害了我的女儿，你要向她道歉。"学者非常惊讶，说："我只是夸奖了你女儿，并没有伤害她呀？"教授说："你是因为她的漂亮而夸奖她。漂亮这件事，不是她的功劳，这取决于我和她父亲的遗传基因。但你的夸奖就会让她认为这是她的本领，你可以夸奖她的微笑和有礼貌，这是她自己努力的结果。"学者只好很正式地向教授的小女儿道了歉，同时赞扬了她的微笑和礼貌。教授说：学识和为人，才是我们做人的根基，而不是外貌。即使有了先天的外貌资本，也一定还需要大量的知识来武装这样的资本，不至于因为只有外貌没有内涵而变成一朵漂亮的塑料花。

用知识做外衣的女人，才是一朵美丽芬芳的花朵，绽放时美丽动人，收获时种子饱满。用知识做外衣的女人，不惧岁月的流逝，自信镇定地享受向上的人生；用知识做外衣的女人，不把情感依附于任何男人，独立，自信，掌控自己的命运；用知识做外衣的女人，内心丰富却不花哨，性情单纯却不孤傲，不卑不亢，过好自己的人生。

做美丽、健康、智慧的女人，几乎是每个女性渴望的幸福目标。而读书是改变一个人最有效的力量之一。一个女人的气质、智慧、修养，都是和大量读书分不开的。

智慧女人书单

关于爱情：

简·奥斯丁《傲慢与偏见》——越过爱情，看见春暖花开

斯蒂芬·茨威格《一个陌生女人的来信》——我爱你，与你无关

威廉·莎士比亚《罗密欧与朱丽叶》——有一种爱，超越生死

埃里奇·西格尔《爱情故事》——真的爱，没有对不起

加西亚·马尔克斯《霍乱时期的爱情》——哪怕充满暗礁，有爱就能顺利抵达彼岸

夏洛蒂·勃朗特《简·爱》——我爱你，是独立的自己；不攀附不

拜金，用我独立的灵魂与你并肩站在一起

川端康成《雪国》——美与爱是人类永恒的主题

关于生命：

列夫·托尔斯泰《安娜·卡列尼娜》——不自由毋宁死，我为自己殉情

米兰·昆德拉《生命中不能承受之轻》——生命的终极意义来自哲学思考

曹禺《雷雨》——最残酷的爱和最不忍的恨

路遥《平凡的世界》——我们都是平凡世界的过客，但却可以活得不平凡

雨果《巴黎圣母院》——爱上你的心，随时愿意为你赴汤蹈火

张爱玲《金锁记》——金钱和欲望是套在人身上重重的枷锁

列夫·托尔斯泰《复活》——生与死，只和自己有关

莫泊桑《项链》——浮华背后的孤寂才是人成长的动力

关于诗意：

翟永明《女人》——从“黑暗意识”中苏醒

舒婷《舒婷诗集》——溶解心灵的秘密

叶芝《当你老了》——爱，我们曾共同拥有

惠特曼《草叶集》——你最好的气质是自由

余秀华《月光落在左手上》——阳光透过水晶，折射出灵魂的光芒

关于生活：

杨绛《我们仨》——此幸福，彼幸福，一个人幸福，一家人幸福

张小娴《面包树上的女人》——成长就是由一个个困境推动人向前走

老舍《离婚》——换个角度看婚姻

王安忆《长恨歌》——一个女人的城市传奇

苏雪林《棘心》——血与泪，刻骨的揪心，一个女人怀念另一个女人

亦舒《喜宝》——女人真正的安全感，来自经济独立

余华《活着》——时代的烙印，活着的骄傲和哀伤

史铁生《病隙碎笔》——病床上的绝唱，生命的赞歌

关于修为：

林清玄《林清玄散文集》——清净心看世界，欢喜心过生活

肖复兴《聆听与吟唱》——音乐只为聆听而存在

傅雷《世界美术名作二十讲》——发现艺术的神韵

毛尖《非常罪非常美》——做一个会看电影的女人

宗白华《美学散步》——在艺术中散步，在感悟中变美

林语堂《生活的艺术》——幽默闲适的人生艺术

马塞尔·海德里希《时尚先锋香奈儿》——开启女性时尚与修养的启示

弗洛伦斯·威廉姆斯《乳房：一段自然与非自然的历史》——探寻健康的奥秘

关于信仰：

安徒生《安徒生童话》——每一个人都能从丑小鸭变成天鹅

圣-埃克苏佩里《小王子》——关于生命和爱的寓言

几米《月亮忘记了》——月亮没忘记

亚米契斯《爱的教育》——每个人都需要接受爱，给予爱

梅特林克《青鸟》——追寻那只幸福的青鸟

梭罗《瓦尔登湖》——静谧人生

关于哲思：

乔德坦·贾德《苏菲的世界》——让世界在清晰中呈现

罗素《西方哲学史》——有哲学灵魂的女人

马塞尔·普鲁斯特《追忆逝水年华》——尊重所有的追忆和过往

苏珊·桑塔格《重点所在》——批评的力量

周国平《人与永恒》——灵魂的低吟浅唱

冯友兰《中国哲学简史》——在哲思中反省，在反思中开悟

乔治·奥威尔《动物庄园》——你不可不知的政治游戏

关于性别：

弗洛伊德《梦的解析》——当梦想照进现实

保罗·科埃略《十一分钟》——每个人都拥有与众不同的那束光

李银河《中国女性的感情与性》——身体和行为藏着密码

西蒙娜·德·波伏娃《第二性》——女权主义的“圣经”

海特《海特性学报告》——谈性是一个永恒的话题

卡耐基夫人《写给女人》——好女人是男人心灵的绿洲

林白《一个人的战争》——每个人都是一个真实的自我

钱锺书《围城》——从婚姻的镜子中照见自己

美的修炼：性美

投资男人更要投资自己

电视剧经常会有熟悉的剧情：老婆掏心掏肺爱自己的丈夫，舍不得吃舍不得穿来投资丈夫，等到丈夫有一天功成名就，身边全是花枝招展的年轻女孩的时候，丈夫却开始对一起打拼的老婆表现出了狼心狗肺。

虽然电视剧不一定完全是真实的，但艺术来源于生活。很多舍不得为自己投资的女人，最终都面临男人的绝情与背叛。所以，女人要投资男人，更要舍得投资自己。夫妻只有齐头并进一起成长，才能彼此尊重和信任。如果你不舍得投资自己而像头老黄牛一般只顾低头拉车，埋头苦干，就可能是前人栽树后人乘凉，你只剩下满腹委屈。

网络上有个帖子，标题是《妻子太节约，他想离婚》，内容大致是老婆太节约，不买新衣、新鞋、化妆品，男子觉得妻子这样做是在拉低自己的品位，所以想离婚。

有人可能觉得：这个男人太不知好歹了吧！女人啥都不买，总比那些一直买买买的女人要强吧！既省钱又持家，多好啊！可现实很残酷，很多相夫教子、勤俭持家的女人都在控诉自己的老公不是负心就是出轨。这让我们不得不思考：与其在离婚以后去抱怨和控诉男人的不负责任，还不如未雨绸缪地想想如何及早对自己负起责任。

有人说，能给女人安全感的唯有明媚的阳光，繁华路口人行道的绿灯，出门时口袋里的钱包和钥匙，手机里显示的满格电，以及银行卡上的数字。

所以，女人要投资自己。这里讲的可不是单纯的投资容貌，还有努力提高自己的学识、修养与品位，富养自己的“思想”。

不是说拥有这种思想之后，就把男人放在敌对的一面，而是在照顾家庭的时候不能忘了自己。比如，有些拥有牺牲精神的女性，既上班，又包揽家务，细心带孩子。但她们不懂得投资自己，成了黄脸婆后，老公开始嫌弃，继而弃之。

说得残酷一点，如果一个女人在最重要的几年中，投资的是男人，那么之后的几十年里，你将不断求着这个男人不要离开你。如果你投资的是自己，那么你会很顺利地收获真正属于你的爱情。爱情是以物质为基础的奢侈的精神享受。只有当自己处于一个最好的状态时，才会有好男人来爱你。

好多女人觉得，结婚以后就不必在意自己的容貌和气质，甚至学识修养的提升。以后的生命就属于孩子和老公，只有皱纹和色斑是自己的。要知道事业是男人的姿色，姿色是女人的事业。所以，女人要像经营婚姻一样经营自己的容貌和气质，把对男人的爱心分一半给自己，让自己也能时刻拥有向不喜欢的生活说“不”的权利。

我有一位客户，她的老公是企业老总，家庭富有，但是面临家庭危机，最后被她成功化解，周围的朋友都很佩服她，问她是怎么做到的。她的原话是：我以前开200万元的车，从车上下来是一张蜡黄、沧桑的脸，别人不会赞我，只会赞车。现在我花100万元来变美，开20万元的车，别人都赞叹美人香车。

巩俐曾说过，“一个女人，并不是你长得十分漂亮，找到一个好老公，你的人生就完美无忧永远幸福，而是你需要投资自己，经营自己的一份事业，这才是最可靠的和保持独立的方法，也是保持自身价值的最好方法”。

女人要学会投资自己，才能保持魅力，而不是心甘情愿地把自己的精力全部投资在男人身上。这个世界上没有人比自己更重要。不管学业、事业还是婚姻，保持自己的魅力，才能无往不胜，永远独立。

当然，不是说女人投资自己就不可以去投资男人，前提是你确定你对这个男人的人品有足够的把握。就算你去投资男人，也不要忘了同时投资自己。

一个敢于投资男人，并且有智慧投资自己的女人，当走完自己的人生路，回头再看的时候，她会自豪地说："我按照自己的意志过完了自己的人生，今生无悔！"仅此一点，就是人生莫大的幸福。

有些女人无时无刻不在羡慕别人的幸福，却从来不曾考虑自己如何去追求幸福。她们常常抱怨："为什么幸福离我这么遥远？我怎么就不是一个有福气的女人呢？"我想问的是，你真的曾努力追求过幸福吗？你可曾真的付出努力使自己变成有福气的女人？女人只有懂得好好经营自己、投资自己，才能不断把福气吸到自己的身上来，福气才会不请自来。

美丽让男人停下，智慧让男人留下

这个世界由男人和女人构成。如果世界没有女人，男人的世界便将暗淡；如果世界没有男人，女人的世界也将无力支撑。都说做人难，我说做女人更难，做一个智慧的女人更是难上加难。如果是智慧的女人，那么，无论是家庭还是事业，都会顺风顺水。反之，女人仅仅拥有美丽而缺乏智慧，那么只能得到男人的一时青睐，而很难得到男人的不离不弃。

很多夫妻关系存在问题的婚姻，并不是女人外貌不过关，反而是漂亮的妻子仍然挡不住男人红杏出墙的节奏。可见，女人生得美丽，只能吸引男人一时的冲动，而真正想让一个男人倾心并与之携手一生，往往考验的是女人的智慧。

智慧的女人知道什么时候付出，什么时候享受，能够爱别人五分，也爱自己五分，不会不加分辨地自我牺牲。

智慧的女人知道什么时候撒娇卖萌，什么时候理性大方，能够拥有少女的心，又不失端庄与气度。

智慧的女人知道外表的美是一时，内在的美才是一世，当岁月和美貌一起流逝的时候，能够留住的恰恰是强大的内在力量。

智慧的女人知道爱情是生活的调味剂，不是全部，愿意做男人的左膀右臂，爱的时候倾心爱，不爱的时候坦然分开。

智慧的女人往往更容易在爱情和婚姻中拥有自主权。很多人觉得，作为一个女人，聪明就可以了，不需要什么智慧。但其实在两性相处中，智慧真的非常重要，甚至智慧的女人会比漂亮的女人更有优势，更容易获得幸福。因为，智慧会让你知道如何去看待一段爱情，如何引导你们的感情向好的方向发展，而不是一遇到问题就选择逃避、选择妥协，更能够在感情出现问题的时候，及时止损并挽回。

很多婚姻和爱情出现问题的女人会发出这样的声音：

为什么我付出了一切，他却记不住我的好，别人长相不如我，也没有我那么爱他，他为什么不愿意顾念旧情？

为什么我在感情中付出了这么多，为他牺牲了全部，得到的却是欺骗？

为什么他不看在我们一起走过那么多苦日子，而选择移情别恋？在感情中那么努力的人，为什么得不到回报？

为什么我已经再三退让，不要尊严地求他，他还那么绝情？

为什么他不能像之前承诺的那样对我好一点？

只有全心付出之后被彻底辜负的女人，才会痛心疾首地声讨和自鸣不平，而往往越是这样，男人跑得越快，甚至连头都不回。这样的女人更可怜，把自己伤得体无完肤，从此不再相信爱情，不再相信婚姻。事实上，不是婚姻的问题，也不是爱情的问题，往往是自己缺乏足够的智慧，才让自己明明付出很多，却并没有得到应有的尊重和对等的爱。

我一直认为现代女性是需要很多修养的，因为男人实在是太挑剔了，他们不愿意委屈自己，将就自己。他们在美丽女人面前停下，停多久取决于他的审美何时疲劳以及这个美丽的女人除了美丽之外还有多少让他想要探究的东西。如果女人没有足够的智慧来“驾驭”男人，那么他随时可以继续换下一个美丽女人。有人形容女人是一所学校，学校意味着什么？意味着男人在这里学经验，学知识，然后毕业，能够想起母校并留恋母校的很少。这样的比喻比较残酷，但却是不争的现实。除非女人这所学校是所名校，不仅环境优美让人流连忘返，而且有丰富的藏书，并且具备非常吸引人的专业，这样男人才会一直读下去——本科、研究生、博士、博士后，然后是你这个学校的终身荣誉教授，将来他赚了很多很多钱，也愿意把钱捐献给自己的母校。

所以，女人要记住一句真言：美丽让男人停下，智慧让男人留下。智慧女人的典范如林惠嘉。

李安未成名之前也像普通的男人一样，在家做家务，带着对前途的迷茫和困惑，找不到方向。每天除了在家里大量阅读、看片、埋头写剧本外，还负责买菜做饭带孩子，打扫卫生。而作为妻子的林惠嘉却充当起了家庭的顶梁柱，她工作赚钱，然后还要带着满满的鼓励让李安寻找自己的梦想和目标。李安蛰伏的六年，都是妻子林惠嘉挣钱养家。她是美国伊利诺伊大学的生物学博士。亲戚、朋友曾问林惠嘉：“为什么李安不去打工？大部分中国留学生不都为了现实而放弃了自己的兴趣吗？”看到老婆一个人养家，李安觉得过意不去，偷偷地开始学电脑，希望能比较容易地找一份工作养家糊口。那时他正打算放弃电影梦想，情绪萎靡不振，妻子发现后，她一字一句地对李安说：“安，要记得你心里的梦想！”后来妻子又告诉他：“学电脑的人那么多，又不差你李安一个！”

林惠嘉是一位非常独立和拥有智慧的女性。她看到了李安的才华，也知道自己的付出，她用实际行动来证明爱情的力量、知己的力量，以及对一个男人鼓励的力量。李安曾说：“妻子对我最大的支持，就是她的独立。她不要求我一定出去工作。她给我充足的时间和空间，让我去发挥、去创作。要不是碰到我妻子，我可能没有机会追求电影生涯。”可以说，妻子林惠嘉的鼓励和支持，以及在婚姻中独立的个性成就了李安的梦想。同时这份独立与智慧也成就了林惠嘉，多少次在媒体面前，李安都表现出对妻子的爱，当着亿万观众的面，他会站在领奖台上向台下的妻子喊话：“谢谢你，我爱你，我爱我们的家和我们的儿子。”这是一个男人对一个女人的尊重和感恩，也是一个智慧女人带给男人最大的体面。

智慧的女人知道大是大非，不会在小地方计较，这也是让男人能够留下的最重要的一环，男人往往更容易记住和他并肩作战的战友，而不会记住经常仗着自己漂亮而不断索取的人。

智慧，是一种涵养。她洞悉一切问题，明白所有的答案，只是不点破，而之所以不点破，只是为了使自己活得更好。

女人的精致VS男人的花心

提到男人的花心，可谓话题不少，比如“没有不偷腥的猫，只有没机会的猫”“男人不坏，女人不爱”“花花世界，花花心，花花男人骗人心；达到目的就变心，可怜天下女人心”“在遇上诱惑之前他总是坐怀不乱”……这些话题揭示了一个很多女人不愿意面对的事实——男人大部分花心。当然，男人不花心有两个原因：其一，这个男人定力非常强；其二，男人为他深爱的女人守身如玉。

对于男人的花心，很多女性可谓苦不堪言。不论是明星夫妇还是普通夫妻，一旦遭遇了一方出轨以后，大部分婚姻就走到了尽头，即使有一部分因为种种原因选择了原谅，也一定是貌合神离，打掉牙自己吞。

当然我这里说的绝不带性别歧视，出轨也不限于男人出轨，女性出轨的也大有人在。

这就给女性朋友提出一个严肃的问题，如何才能防患于未然呢？或者说如何才能避免自己遇上渣男呢？或者自己的丈夫花心该如何治呢？

生活中有不少的做法，比如：

以牙还牙式：对方出轨自己也出轨；

打击报复式：一旦抓到出轨就让其净身出户；

寻死觅活式：对方出轨自己就活不下去，一定拼个你死我活；

索要赔偿式：一定要出轨的一方加倍赔偿，才能用金钱买心安；

华丽转身式：一旦发现对方出轨，华丽转身，宁为玉碎不为瓦全，直接弃之不用。

在我看来，能够华丽转身的都是女王气场，不哭不闹不报复，带着满满的正能量将渣男拱手让人是最大的体面和尊严。不是所有的人都能够有这份勇气和能力的。所以，学会防范胜过事后补救。我认为不论男人还是女人一旦花心出轨，往往是因为厌倦了自己的“那一位”，如果两人的关系一直是彼此依赖，怎么可能另觅新欢呢？

女人如何才能让自己的另一半不产生厌倦感呢？我想，就是越活越精致，男人才能欲罢不能。

活得精致的女人会传递给男人三个信息：其一，我不是为你而活，我有自己的圈子。其二，我不害怕你比我好，因为我一天比一天活得好。

其三，我不会束缚你，我有自己的高度。

当一个女人活得精致，男人自然而然就会收敛花心，他会有危机感，会怕失去优秀的女人，他要更上进以期配得上对方。就像人们很容易丢弃不太值钱的东西，而不太容易丢弃价值昂贵的东西，精致的女人对于男人来说就是价值昂贵的，不可轻得更不能轻易失去。

除了把自己活精致之外，女人切忌抱着“管理”男人的想法去预防男人花心。有智慧的女人知道，对于男人来说，不管有时候是最好的管束。

听话的男人不用管，不听话的男人管也管不住。对你好的男人不会让你管，爱你的男人不用管，不爱你的男人，轮不到你管。

所以，不要去“管”男人，越管离得越远，不管才是高明的。

有一些自认为手段高明的女人，总想把男人改造成功。殊不知，男人就像弹簧，你压得越狠，他弹得越高。你给他画出一个框框想让他按照你的意愿去做事，他就会本能地生出反抗和抵触，不但不会朝着你的目标去努力，反而会旁逸斜出。

男人也好，女人也罢，都忌讳一厢情愿地去改变对方。每个人都是一个独立的个体，都有自己长期养成的习惯和喜好，哪怕是最亲近的人都无权干涉和改变。

我认为，真正聪明的女人是靠自身的魅力去影响男人，只有自己活得精致了，具备魅力了，才能影响男人。

有一句话倒是比较实用，好男人不是“管”出来的，是“夸”出来的。男人无论多大年龄，在女人面前依然有孩子气的一面，他需要被肯定，尤其是被所爱之人肯定。如果一个女人平时经常夸自己的男人，并且带着那种发自内心的真诚去崇拜他，那么他就会成为真正的英雄，天天都想用英雄气概保护自己的女人。因为他活在被人崇拜的满足里，活在被人夸奖的喜悦里，这份满足和喜悦会让他觉得受用，心性会变得越来越好。

男人的天性就是随时准备保护弱者，而女人适时示弱，会激发男人的良知，从而使男人愿意变得越来越好。

下篇

美的信仰是和谐平衡

扮演好人生的五个角色

身为女人，这一生会有五种身份：为人女，为人妻，为人媳，为人母，为人婆（婆婆或岳母）……诸多身份诸多不易。如果女人能把这些角色都扮演好，就能收获和谐与平衡。

身为女儿时，是女人最幸福快乐的时光，可以有衣来伸手饭来张口的“公主资本”，如果再遇到一个宠女老爸，那这个时段可以说是女人一

生中最无忧的时光。

在普世价值观里，女儿更惹人爱怜，容易引发父母的保护欲，大部分人认为女儿要“富养”，就是指要用满满的爱去给予她更好的物质条件以及更多的快乐。那么，如何扮演好“女儿”这个角色呢？我认为，就是不让父母操心。很多女儿在父母家是掌上明珠，但是遇人不淑的时候、在婆家遭受不公待遇的时候，受委屈的不仅仅是自己，还会让父母跟着牵肠挂肚。让自己活得快乐就是对父母最好的回报。因为于父母而言，你的身体好不好，你吃得好不好，你睡得好不好，你变得漂亮还是憔悴，远比你每月挣多少钱、给他们花多少钱来得重要。当世间所有人关心的都是你飞得高不高的时候，只有父母才会关心自己的孩子飞得累不累。所以，扮演好女儿的角色就是在任何时刻，都要照顾好自己，保重身体，积极乐观地生活下去，这大概是每一个女儿对父母最基本的孝顺。

身为妻子时，女人是家庭的中心，而家庭是社会的核心，所以一个女人身上带着非常重要的使命。有人戏言，若你父亲娶错了女人，那么你的童年将会生活在痛苦之中；若你娶错了女人，那你的中年也将生活在痛苦中；万一你儿子再娶错了女人，你将会在孤独痛苦中了此残生。这虽是戏说，但也值得我们思考。身为人妻的人，身负让家庭幸福的使命。成为妻子之后，女人从原本“女儿”受宠的状态中渐渐学着长大和成熟，开始面对一个新的环境，要融进一个与自己没有血缘关系的家庭中并变成“没有血缘的亲人”，这对女人来说是考验也是加持。修炼得好，可以成为这个家的定海神针，修炼得不好则会成为这个新家的“局外人”。怎么才能扮演好“妻子”这个角色呢?

要把自己的“公主病”慢慢戒掉，毕竟丈夫不是爹，不可能像爸爸爱女儿那样无条件。婚姻是合伙关系，共同付出才能共享盈利，任何一方的单方面付出，最后都会导致关系失衡。要么会持家，要么会赚钱，要有一样拿得出手，不然怎么能够成为优秀合伙人呢?

身为母亲时，女人从花儿变成了树，从一个娇弱的女人变成了身披铠甲的战士。“女子本弱，为母则刚”，一个女人成为母亲之后，再大的痛苦都能挺过去，因为有了需要保护的人，她会变得更坚强更勇敢。当了母亲之后，女人才开始学习如何成为一位母亲。很多女人在这个时期是矛盾的：既想扮演一个出色的母亲，又在孩子无休止的索取下变得身心疲惫；既爱着自己创造出来的这个小生命，又在失去自由后发现自己讨厌这个小生命。所以，成为母亲是女人一生中最重要的课题。成为母亲之后，女人的生活会由此而发生翻天覆地的改变。因为“母亲”这个身份，她怎么看世界，怎么看自己，怎么看时间，怎么看人生，全都改变了。她不再只想到自己，她在心里也必须留下空间来容纳另一个小生命。女人脱胎换骨的不只是身体，还有对整个生命的展望。母爱的力量，可以改变一个女人的生命。那么，如何才能扮演好“母亲”这个角色呢?

孩子既是夫妻爱情的结晶，也是女人生命完美的标志，只有经历过完整的孕育过程，才能体会做母亲的幸福与快乐，但盲目生育也是不负责任的表现。女人何时生孩子应追寻内心的呼唤，视家庭物质生活条件而定，既然决定要孩子，就去做个好母亲。

成为母亲以后，女人才在真正意义上开始成为自己。不能把孩子当成全部，更不能因为孩子的到来失去自我。

女人一生有不同的“季节”，孩子生下后的养育阶段可视为“一季”，而非一生。虽然在养育孩子的前三年，母亲这个角色意味着没日没夜的照护，意味着失去社交，意味着无人体会的孤军奋战，但随着孩子渐渐长大，母亲一定要及时回归到自己的生活轨道，不能成为孩子的跟屁虫，更不能因为孩子丧失了生存的能力。女人要在原有的基础上变得更上进，更有弹性与韧性，给孩子树立一个好的榜样是女人成为“母亲”之后最根本的目标。想要一个什么样的孩子，自己先成为什么样的人，这是个需要牢记的真理。

身为儿媳时，最考验女人的智商和情商。“儿媳”这个身份最大的隐患在于，明明是两个女人在爱着同一个男人，但一不小心就会变成两个女人来争宠。一个女人爱了自己的儿子半辈子，忽然来了一个年轻的女人就让儿子对自己的爱分分钟变了，不再对自己言听计从。这样的一种局面，考验的是两个女人的智商和情商，说得现实一些，考验的是后来者的智商和情商。因为男人只有一个妈，他可以爱老婆，但绝不会改掉爱妈的初心和良心。

女人成为儿媳之后，可能是一个好老婆但很难成为好媳妇，因而如何做儿媳就成了女人不得不思考的问题。那么，如何才能扮演好“儿媳”这个角色呢？

聪明的女人知道，儿媳这个身份不能等同于女儿，婆婆更不是妈，所以儿媳要有分寸感。不管和丈夫的婚后生活多么恩爱，女人要时刻记得婆婆和丈夫是亲母子，母子连心，相扶相携走过半生，此种恩情是妻子无法比拟的。聪明的儿媳不会把婆婆当亲妈，她们深知不管婆婆平时多么维护自己，在遇到触及家庭底线的大事时，也同样会庇护自己的儿子。她们也不会分化丈夫和婆婆之间的关系。无论婆媳出现什么矛盾，都要力求大事化小，小事化无，或者不要自己出面去冲突，最好让自己的丈夫去调解。婆婆和儿子天天有冲突都不叫事儿，而婆婆和儿媳正面冲突一两次就可能“结下梁子”，而且这个“仇恨”会伴随很长的时间，不容易化解。儿媳对婆婆保持适当的尊重与距离，客客气气不远不近，为上策。

身为婆婆时，女人依然要经受各种考验。多年媳妇熬成婆以后，成熟的婆婆知道自己应将心比心，应善待媳妇。不成熟的婆婆，则会让历史重演，会与媳妇合不来。不过随着社会进步，女人的修养越来越好，能够体谅和理解别人的人也越来越多。媳妇是孙辈的生母，作为奶奶能享受天伦之乐，媳妇既有功劳也有苦劳；媳妇是儿子的老婆，身为母亲刁难媳妇，会让儿子夹在中间难做人。那么，女人如何扮演好“婆婆”

这一角色呢?

最让人不堪忍受的是婆婆的唠叨，所以，聪明的婆婆除了提供给儿子、媳妇一些力所能及的帮助之外，不会轻易管别人的闲事，更不会当面一套背后一套给儿子吹耳边风。任何一种关系的相处，都是彼此影响，没有单纯的好媳妇，也没有单纯的好婆婆，先从自身变好才是真的好。儿媳不是闺女，婆婆与之相处要保持适当的距离，在不给小辈添麻烦的同时还要学会拥有自己的老年生活。最重要的一点是，家和万事兴，老人要做出榜样和表率，不能轻易和小辈计较，更不能产生矛盾。如此，婆婆当得轻松，儿子显得懂事。

当女人成功扮演了女儿、妻子、母亲、儿媳、婆婆（岳母）这五个角色的时候，也意味着她体验了人生不同阶段的成长历程，对自己的人生来说也是一个完满的过程。

女人在家庭中的责任与地位

男，代表田间劳力；女，代表柔软。如果勇武是一种力量，那么柔软也是一种力量，正是阴阳的平衡才有了家的和谐、社会的和谐。

男女组成一个家，是顺应天道的。天地之道，人事之理。天刚地柔，男人要刚健，自强不息，进取不止；女人要阴柔，厚德载物，包容慈爱。

夫妻伦常关系代表天地阴阳，代表日月，日月和合，为“明”，意味着一个家的源远流长。所以，好夫妻要顺应天地之道，不能阴阳颠倒。

让一个家庭阴阳平衡就是女人在家庭中的责任。

不可否认，随着社会发展，“女人能顶半边天”已经成了不争的事实，但如果女人因为这种进步而让自己越来越“阳刚”，对内对外都是一副力量型的样子，那就是家庭的退步。无论女人的地位有了怎样的提高，依然是那种阴柔的状态最美。

女人是家庭的核心，男人是那根支撑着家庭保护伞的顶梁柱，但能让柱子牢牢站稳的却是女人的智慧与柔情。女人是宇宙的能量，带着和睦家庭的使命来到这个世上，尤其是成为妻子和母亲之后，既担负着一个家的幸福快乐，又肩负着养育下一代的重任。如果女人不能像大地那样包容，就会让顶梁柱立得不稳，家庭矛盾也会越来越多，最终导致失去平衡。动物有雄雌之分，人也一样，只有各自摆正位置，扮演好自己的角色，才会使阴阳相配，实现和谐。

所以，女人的责任是在家庭中表现出爱、支持与尊重。无论对配偶、孩子，还是其他家庭成员（如公婆），只有合理地爱、支持和尊重，才能让家里人感到舒服。

如果家中的女人太过强势，事事打压男性，天长地久势必会导致家中阴盛阳衰，轻则夫妻不和，重则导致丈夫事业一败涂地，家庭发展受限。如果孩子在这样的家庭中长大，女儿会以妈妈为榜样学会阳刚有余、温柔不足，男孩则会以爸爸为榜样变得懦弱没有斗志。

婚姻中，可以男主外女主内，也可以女主外男主内，但切不能因为分工变了，连性别和脾气也跟着变了，那样一个家里就会阴阳失衡，阴阳互补的平衡就被打乱了。

在我看来，男性最有魅力的就是身上具备的阳刚之气，而女人则是“上善若水”，这就是幸福家庭应有的样子。即使是一个很牛气的女汉子，也要尽量做到温柔如水，这是女人维持家庭和谐所担负的责任。

很多女性由于在家中担负的责任不同，而拥有了不同的地位，比如女王、保姆和伙伴。

女人无不希望自己成为女王，但往往女人过了“女王瘾”，就会不自觉地带出一种强势，容易在家里唯我独尊、说一不二,一不小心就会陷入那种“女强男弱”阴阳失衡的状态里。相对而言，男人面对家里的“女王”，只能俯首称臣，不敢有自己的主见，做什么都得先问问女王的意见，自然就会显得懦弱。一旦女人在家中的地位高于男人，就很容易让男人感到自卑，“强势”的女人会扼杀掉老公作为一个男人的自尊与力量。男人总被“女王”管辖和统治，就会生出逆反和抵触心理，如果这个时候有一个温柔如水，视其为王的第三者出现，就很容易让这个男人移情别恋。不是他变了心，而是他在别的女人面前找到了“当王”的感觉，每个男人骨子里都想拥有“王的女人”，而绝对不希望自己成为“女王”的臣子。所以，女人地位可以高，但不能太高，高处不胜寒的时候，往往会徒留孤独和寂寞。

与“女王”形成鲜明对比的是“保姆”，也就是女人在家庭里的地位就像保姆，这样的家庭完完全全是男主外女主内，男人赚钱养家，女人操持家务，而往往男人的显性价值被高估，而女性的隐性价值被低估，这样会造成家庭的“男强女弱”。一旦女人的地位是“保姆”，那她的内心就认为相夫教子、伺候公婆、操持家事是自己最重要的事。这样的女人往往贤惠、隐忍，但过度的牺牲和奉献却很难得到认可，男人会认为女人当“保姆”是理所当然，自然不会觉得有所亏欠或内疚，会觉得自己才是一家之主。更现实的是，保姆型的女人一旦离开男人，会没有生存能力。在家庭里，她们把男人当成“天”，当成“依靠”，一旦失去了男人的保护，就像折了翅膀的鸟。男人不但不会认为她是“小鸟依人”，反而认为她是没有生存能力、只能依靠他的高级保姆。

除了“女王型”的女强男弱和“保姆型”的男强女弱之外，与男人成为合伙关系的“伙伴型”最恰当，也最适宜。伙伴，顾名思义就是有共同语言、共同爱好，能够玩得来的人，即使有一天玩不来了，也是好聚好散互不相欠。这样的关系才是对“男女平等”最好的诠释，既不是女人太强悍，也不是女人太软弱，而是张弛有度，互相尊重和理解。女人与男人处于“伙伴型”的关系，对于女人来说一定是情感和经济实现了双重独立，彼此之间是可以抗衡的。夫妻之间如果是伙伴关系，那么，在合伙经营婚姻的过程中，就会有了像朋友一样的真诚，谁也不会处于很强势的位置，当一方有困难时，另一方就可以成为他的好帮手。在这样的婚姻中，两个人都是既不高攀、也不屈就，这样的关系会使得家庭平衡和谐。

一个女人要明白自己在家庭中的责任是让家不要“阴阳失衡”，要修正自己在家庭中的地位，既不当高高在上的“女王”，也不当低眉顺眼的“保姆”，而是做男人的朋友和伙伴，一起面对困难，一起享受快乐，这样的家才能平稳又长久，这样的自己才愉悦自在。

男人的大脑，女人的身段

对于女人的成功，人们常有个惯性思维，认为女人是找了个实力雄厚的男人做依靠。我接触了很多成功女性，发现并非如此，尤其那些能平衡事业、家庭的女人，各方面的能力都很强。

事实上，那个传说中靠姿色上位的女人，说话做事滴水不漏，水平明显高人一筹。那个被认为运气好的女人，事实上眼光和头脑都异于普通人，有非同一般的眼界和智慧。大部分这样的女人不但具有女人美丽的身段，还具有男人的智慧头脑。做事和处理问题既有女人的敏感细致，也有男人的理性清醒。

这样的女人，比一般的女人多了一分英气，比男人多了一分娇媚。她们学会了一边用女性的细腻思维爱自己，一边用拿破仑般的男性思维面对这个世界。男性品质和女性优点集于一体的女人，又怎么会过得不精彩呢？

用男人的大脑思考、用女人的身段生活，代表一个女人同时具备理性和感性两方面的思维。

具备理性思维的女性总是能够完美地把握自己的情绪，面对突发事件能够做到坚如磐石，心有猛虎，细嗅蔷薇。

理性的女性大多是用脑袋思考而不是用眼睛思考，她们会对看到的事物和听到的信息进行筛选，动用智慧去思考，而不是挪用情感去宣泄。也就是说，拥有理性思维的女性往往会表现出刚柔并济的智慧。尤其在与男人讨论一件事的对错的时候，这种特性表现得更加明显。

遇到一件事情时，如果自己理亏，理性的女人会根据当时的情况承认自己的错误。如果自己是有理的一方，理性的女人也不会得理不饶人，而是视对方的情绪来决定这件事是暂缓还是力争，往往会因为照顾对方的感受而让一件小事变得更小，而不是出于感性纠缠不清，最后让一件小事变成了大事。

著名心理学家荣格曾经说过，每个女人的心灵结构都装了一套双系统：在女性娇柔的灵魂当中，藏着刚毅的男性原型意象。但是在社会化的过程中，女人为了显示对自己的性别认同，潜意识里会有意遮掩自己身上的异性气质，从而戴上人格面具，尽力展现自己的娇媚，而把自己担当和坚毅的一面悄悄隐藏。

一个真正能够兼具感性和理性的女人，首先是知识女性。知识越多，越容易学会理性地生存。但是，一个只有理性或者过于理性的女人容易走向一种极端，少了女性应有的某些特质。这样的女人，可能是女强人，但却不知不觉少了些女人味。因此，理性有几分，感性有几分，才是平衡的状态。女人，首先应该是个纯粹的女人，具备阴、柔、感性的特质。一个女人应该是感性理性并存，且感性多于理性的。感性可以使女人的种种特质彰显，使女人有十足的女人味。感性的女人，可以哭得梨花带雨让人心生怜爱，可以闹得鸡飞狗跳让人无可奈何，可以胡搅蛮缠让你哭笑不得，但这一切都要把握好“度”。而理性则可以让女人更加智慧，给十足的女人味锦上添花。理性的女人应该能够在关键时刻做出正确的判断，果断地抉择，在必要的时候宽容，适度坚持或者舍弃一些东西。

感性又不乏理性的女人才是真女人。感性做人，理性做事。用一半迷醉做感性女人，演绎女人的多姿多彩、娇柔妩媚，尽情享受上天赋予女人的幸福。留一半清醒把握自己的人生，做一个适度理性的女人，不管风吹雨打，任何时候都能驾驭自己的人生，踏实地享受生活。

低头付出，抬头看人

有三句话值得我们记住：第一，不要把最差的脾气和最糟糕的一面留给最亲的人；第二，不能把全心的付出给了不值得的人；第三，别想着拯救全世界，最该拯救的是自己。

我们很多人都会犯的错误就是把最好的一面给了陌生的人，而把最坏的一面给了最亲的人。还有一部分人对别人掏心掏肺，哪怕对方已经狼心狗肺。如果你能把最好的一面留给最亲的人，也不会把付出给予不值得的人，那你就做到了平衡，不但拯救了别人，更重要的是让自己活得通透。

人和人之间的感情是要靠双方一起经营的，感情只有平衡，才能永恒，如果付出非人，就会出现“我本将心向明月，奈何明月照沟渠”。从现在开始，你要看看你的付出，是不是给了不值得的人。感情里，我们常常为在意的人不求回报地操劳、义无反顾地付出，甚至是不顾尊严地迎合，然而，我们忘了，付出也要遇上值得的人，否则只是徒劳。

有一位女士，经济条件不错，她经常把同一个款式不同颜色的鞋子全部买回来，来搭配不同颜色的衣服。她去任何一个卖场，只有自己想不想买的东西，没有自己买不起的东西。当初是她先爱上了自己的先生，穷追不舍加各种金钱讨好，让这位先生成了自己名正言顺的丈夫。她以为，金钱可以俘获男人心。但现实的残酷就在于此，男人心安理得花她的钱，却并没有倾心地爱她。她给他买名车、名表、名牌服装，和他一起国内游、国外游，支持他开公司、做各种投资。男人似乎只是在花钱的时候有那么一点点心动，其他时间总是用各种理由和借口开小差，甚至同别的女人风花雪月。女人非常生气，气到快要抑郁，家人劝她不要再对这样的“渣男”付出，可是女人就是一根筋，她认为“自己倾其所有对他好，他总有一天会意识到全世界只有我是爱他的”。她爱他的确是真的，可并不是这样的付出能够得到同样的回报。这样的生活持续了十多年，女人得了抑郁症差一点失去生命。

案例中的主人公就是典型的“只顾付出不懂看人”，所托非人，不被

珍惜，丧失了信心却没有及时止损。

感情是真心换真心，对于不值得的人，你再坚持、再付出也永远感动不了。所以，一旦付出不被珍惜时，就应该去寻找一个能带给自己对等能量的人，而不是死拽着让自己筋疲力尽的人。

值得付出的人，往往不会辜负你的付出，他会回报给你对等甚至超额的爱。这样的感情才是平衡的，否则感情的天平就会倾斜。想要一段感情长长久久，想要留住一个男人的心，并不是一件容易的事情。和男人相处，没有一点博弈精神，是得不到你想要的重视和宠爱的。

两性博弈是双方智商和情商的碰撞，女人要判断这是不是自己依靠一生的男人，男人也要判断这是不是自己一生该守护的女人，而这种判断力需要对人生有深刻理解才能获得。

《人与永恒》中曾写道："聪明人嘲笑幸福是一个梦，傻瓜到梦中去找幸福，两者都不承认现实中有幸福。看来，一个人要获得实在的幸福，就必须既不太聪明，也不太傻。人们把这种介于聪明和傻之间的状态叫作生活的智慧。"

对于女性来说，要收获一个美好的爱情和婚姻，得到和谐平衡的人生，就应该既不需要太聪明，也不能太傻，只有真正把握好一个度，才会让自己活得自在。在感情里更是如此，不要为了追求爱情，太过用力，不要为了男人太过用情，用力和用心都要用在对的人身上，才能找到真正的幸福。女人在爱情里，一定要懂得好好地保护自己，在确定那个男人是值得你托付的男人时，再把真心交给他也不迟。

相信的力量——鼓励男人

每个女人都希望丈夫是个英雄，但随着时间的流逝，发现男人不但不是英雄，甚至在自己眼中成了“狗熊”。日久天长，女人就会生出抱怨，把最解气的语言都用在男人身上，各种指责、抱怨和打压。而男人会在女人毫不客气的言论中，渐渐真的由“英雄”变成了“狗熊”。

一个男人喜欢上一个女人可能有很多种理由，比如，女人聪明、漂亮、气质优雅、温柔贤惠，但真正爱上并一直把女人当成手心里的宝，并一直努力成为她依靠的“英雄”，只有一个原因，那就是一个女人能让男人觉得自己更勇敢、更能干、更强壮。

男人在自尊心和面子上更要强，他们需要被捧着，被崇拜着，被信任与鼓励，那样他才会散发出迷人的男性魅力，表现出自信、果断、勇敢的一面。

男人始终都希望自己在女人心目中是英雄，女人每一次的认可，都像是在告诉男人：“你是我的英雄。”男人由此感受到信任，感受到被接受，从而激发更多能量。

相信是一种力量，是人与人尤其是亲人之间最基本的相处原则。相信，代表对别人的信任，它建立在双方对彼此美好品格的认可和欣赏的基础之上。信任他人的人，通常也是信任自己的人，也是心胸宽广、豁达善良的人。因为自信乐观、坦白正直、内心完满、心地光明，所以信任他人，信任世界。相信和爱一样，也是一种能力，一种力量。丰富优美的心灵沃野之上，才能开出相信的美丽花朵。

“吸引力法则”的核心意义为，一个人相信什么，就会来什么，相信美好，那么事物的发展就会变得美好；相信失败，那么事物的发展就会变得失败。同样的道理，女人相信男人是担当有责任的，并一直用这种相信的言论去支持和鼓励他，那么男人潜意识里就会认为自己就是女人口中说的那种人，反之也是一样。

每一个有所成就的男人背后总是有个支持和鼓励他的女人，毫无疑问，这个女人在男人成功的道路上起到了至关重要的作用。

演员刘涛在演艺事业鼎盛时期选择放弃工作去结婚生子，然后安心在家做全职太太。可惜好景不长，老公事业遭遇危机濒临破产，精神上受到巨大打击，一度得了抑郁症。面对家庭突如其来的变故，她没有抱怨和气馁，而是选择了坚守。她开始复出拍戏，不惧辛苦，一部接着一部，而且一部比一部成功，还被冠以“国民贤妻”称号。在她的不断努力和鼓励下，老公的精神状态逐渐恢复，生意也慢慢好转。后来她老公在微博上发长文向她表白，还把她的名字刻在背上。

男人需要鼓励支持，女人需要爱惜呵护，这是亘古不变的道理。温柔的女人，懂得激励男人的斗志，懂得支持鼓励男人，甘愿做男人后面的贤妻良母，最大限度成就男人，让男人活得有尊严，取得事业成功，使家庭发展如日中天。

有格局的女人会用相信的力量鼓励男人，让男人越来越有力量；抱怨和指责只会让男人活得越来越谨慎、卑微。

所以，家庭的平衡和谐，离不开女人对男人的鼓励和支持。在日常生活中，女人具体应怎么做呢？

不唠叨自己的丈夫不求上进，不思进取，更不要说自己的丈夫笨、懒、没能力。语言是一把利刃，想把男人变成什么样的人，就说什么样的话。说他懒惰没能力，他就会真的懒给你看。你说他是顶天立地大丈夫，他就真的变成大丈夫。

不抱怨自己的丈夫穷。你可能住陋室，没有车，但还有比自己更穷的人。穷有穷开心，富有富伤心，过日子，今天比昨天好就幸福，而不是跟人比较得来的幸福。

不嫌弃自己的丈夫不懂生活、不懂浪漫，生活是什么？是相守相伴，是你做饭我洗碗的互帮互助。他做一顿饭就是浪漫，他能陪孩子踢一场球就是浪漫。

所以，要像崇拜偶像一样崇拜自己的男人！让他自我感觉在这个家里很有用，很有地位，好男人是鼓励出来的。男人最接受不了的就是自己的妻子对着自己说其他男人如何强，如何好，如何有本事。

所以，要用爱的语言、鼓励的语言、支持的语言去塑造男人的自信心，而不是用刺激的语言、贬低的语言、打击的语言去毁灭男人。要告诉他："你就是我心中的男神！如果没有你，我的世界就是一片黑暗，你照亮我的整个生命！"这样，他会觉得自己独一无二。

尊重的力量——放飞孩子的梦想

有一个心理机构做了份专题调查，让3岁到18岁不同年龄段的孩子在一起畅所欲言，说出他们对幸福家庭的定义。排名前三的分别是：父母相爱，父母尊重自己的意愿，父母欣赏和关心自己。这三点，正好符合大众对于幸福家庭的定义：妈妈被宠爱，爸爸被尊重，孩子被接纳。家可以给人无条件的爱和接纳，就像母亲的怀抱那么温暖。对于孩子尤其如此，孩子是否能够感受到家的温暖，主要取决于母亲。母亲如果能够给予孩子足够的尊重和爱，就会让孩子有目标，并且能够实现梦想。

被称为"韩国第一妈妈"的张炳惠博士，将自己的三个中国继子送进了哈佛大学和耶鲁大学，特别是曾经被认定有学习障碍的老二，哈佛大学毕业以后在曼哈顿商界叱咤风云，成为一流的企业家。她在《好孩子的成长99%靠妈妈》中写道，孩子在成长过程中是通过模仿，从生活中一点一滴学习和积累人生经验的。忙碌了一天的她，每天回家做完家务，从来不看电视，她说，“对于忙碌了一天的我来说，看一个有趣的电视节目，放松一下紧张的大脑是一个非常不错的选择，但是，如果我看电视，孩子们也会去看电视。因此，我宁愿把看一本有趣的书当作休息”。在她的影响下，三个孩子都把读书当作世界上最有趣的事。

这位韩国妈妈给孩子树立榜样，就是一种对孩子的尊重。如果对孩子不尊重的话，就会出现，自己在看电视剧却催促孩子去读书，自己在麻将桌上玩得昏天黑地却嫌孩子不好好学习。尊重孩子的前提是要求孩子做到的事情，自己先做到，不去逼迫孩子，也不要宽容自己却苛责孩子。

在中国，不知有多少妈妈犯着同样的错误，她们自以为那是爱，实际上是对孩子的自尊心进行践踏，是完全站在自己的角度看问题，不顾孩子的自尊。

例如，当众说孩子的错误，公众场合教育孩子，甚至对孩子动手等，这样都会让孩子颜面扫地，孩子会慢慢变成一个自卑的人，又怎么可能拥有实现梦想的能力。

就像周国平说的，爱孩子是一种本能，尊重孩子是一种教养。爱孩子，先要尊重孩子，被尊重的孩子才敢于做自己，活出独特的魅力。

华裔设计师吴季刚的妈妈，就是一位尊重孩子的母亲。当吴季刚还是个小男孩的时候，他不玩小汽车、不看卡通片，独独偏爱玩布娃娃、做手工——这让他受到了亲友们的嘲笑。但吴妈妈对此却报以温和、包容的态度，一直鼓励、支持他，并且倾尽所能，让他沉浸在自己的世界里，享受其中的乐趣。历尽艰辛，吴季刚成了赫赫有名的服装设计师，连美国前第一夫人米歇尔，都曾两度穿上他设计的衣服，出席奥巴马的总统就职仪式，轰动了时尚界。吴季刚曾对妈妈说：“谢谢你，妈妈，让我可以做自己。”而吴妈妈说过的一句话，则让人久久难忘：“孩子所学的东西，如果不是他喜欢的，他永远不会快乐，就没有成就感。”

一位儿童心理研究专家曾说：“没有爱就没有教育，没有尊重就谈不到爱。”尊重孩子是爱孩子的一种具体表现，也是爱孩子的真正内涵。离开了尊重的爱，是一种不全面的爱，甚至可以说是一种畸形的爱，它会影响孩子正常“心智”的发展。

孩子需要父母尊重他是独立的个体，而非父母的附属。孩子的思想、感受、所有物都需要成人的尊重，尤其是妈妈的尊重。因为一个孩子成长的过程中，母亲对其的影响十分重要又深远，例如：在他专注一件事情时，不去打扰他，便是一种尊重；叫他时，口气轻柔些，也是一种尊重；动用他的东西时，先征得他的同意，更是一种尊重。有些父母认为，孩子的东西还不是父母花钱买的，何必要经过他的许可呢？可是，这些点点滴滴的尊重带给孩子的自我价值感，对孩子的一生是非常重要的。

电视剧《小欢喜》中季杨杨的妈妈，就是一位非常尊重孩子的母亲。由于家庭原因，她跟着丈夫东奔西跑打拼，把杨杨寄养在外婆家中，等到孩子高中阶段，夫妻二人才回来陪伴孩子，当然会有很多不适和磨合。这期间，季杨杨的父亲跟杨杨总有很多冲突和矛盾，而季杨杨的妈妈则扮演着和事佬的角色，单独和杨杨谈话的时候，她在充分尊重孩子的基础上，让杨杨认识到不该顶撞父亲；在单独和季杨杨父亲谈话时，又让自己的丈夫意识到要体谅孩子。平时她对季杨杨和丈夫说话都是和气又温柔，从来不会因为自己是母亲，就对儿子大呼小叫，更不会说出有损孩子自尊的话语。虽然在放飞高考许愿气球的时候，碍于丈夫是区长不搞特殊，但依然为了照顾儿子的面子，假装没有抓住气球，在自家小区放飞气球圆了孩子的梦，也维护了儿子的面子。

正是这样的一位母亲，虽然对孩子缺少陪伴，但孩子依然很懂事，虽然表面表现得很冷漠、很叛逆，但季杨杨知道妈妈得了乳腺癌要化疗的时候，主动把自己的头发剃掉陪着妈妈一起来战胜病魔。而妈妈也正是由于尊重孩子，才收获了孩子对自己的爱。

每一个妈妈，在当妈妈之前都没有经验，所以需要在尊重孩子的基础上同孩子一起成长。

当妈妈和孩子在相互尊重的基础上建立起亲子关系，和孩子一同去面对“成长中的烦恼”时，会发觉很多问题没有想象中的那么糟糕。往往我们把情绪、问题、结果都搅在一起时，会觉得这是一个无底深渊，但有了尊重的力量的时候，就会认为，情绪是应该被接纳的，要把情绪与问题分开，先处理情绪，后解决问题。而解决问题的时候，结果并不那么重要，重要的是解决的过程，这才是一个孩子在成长中应该学到的，也是作为妈妈要传授给他的。

一个妈妈学会了尊重孩子，更深层次的内涵就是她也学会了尊重自己，尊重家庭的和谐与自由。

善良的力量——撑起家庭的幸福

童话故事《白雪公主》中原本美丽的皇后，因为嫉妒生恨，最后变得内心恶毒，伤了别人也害了自己，最后把自己变成了最丑陋的人。而白雪公主之所以能收获幸福圆满的结局，是因为她内心充满爱和善良，她用自己的善良打动了杀她的人，并且由于爱身边所有的小动物，爱七个小矮人，把七个小矮人的房间打理得井井有条，才使得小矮人们一起来保护她。现实生活中，我们是扮演充满嫉妒和恨的皇后，还是扮演内心纯洁善良的白雪公主，全在自己的一念之间。

作家严歌苓说，女人的美源于天性的温柔，而温柔出于善良。这种善良是从每根汗毛里渗出来的，是弱的，却有着疗伤的坚韧力量。

社会最可怕的就是行为的残酷和精神的冷漠，虽然有时候这两种状况是“不可抗力”造成的，但是大多数情况下是人为造成的，那就是一些人从小就没有善良的父母，他们的人格受到严重的扭曲。如果一个人从小遇到善良正直的父母，那么他在幼年会受到良好的教育和影响，就会在不太友善的社会中活得正直和善良。比尔·盖茨曾说过，自己在母亲那里得到的是“虔诚和善良”。

有一位哲人问他的学生："对一个人来说，最需要拥有的是什么？"答案很多，哲人都摇头否定，但有一位学生的答案令他露出了笑容，那位同学答道："一颗善良的心！"哲学家说："在这'善良之心'中，包括了别人所说的一切东西。"

对于一个女性来说，漂亮确实惹人喜爱，但若只有美貌，而没有良好的品格和一颗良善的心，就会显得太浅薄、没有内涵，美丽也会慢慢变得不美。因为相由心生，心善则貌美是真理。所以，比脸更珍贵的是品格；一个长相普通的人，也可以依靠善良、宽容等美好品格，让人愿意与之亲近。

女性一旦拥有善良的品格，自身的格局就会越来越大，更重要的是能用善良这种力量撑起家庭的幸福。

曾仕强先生说，一个家里妇女应该是核心且重要的人物，她决定一个家庭的好坏。他开玩笑说，如果你有一个儿子，教育不好他，就害你全家；如果你有一个女儿，教育不好她，你就害别人全家。所以，你跟谁有仇，方法很简单，你就宠坏你的女儿嫁给他的儿子，他全家都完了，你的仇就报了。这虽是调侃，但言外之意，一个女人在家里的地位非常重要。

当然，女人的善良不是懦弱，而是有原则有底线的善良。《甄嬛传》里甄嬛初入宫的时候是善良的，她看不了被华妃欺负的弱小宫女和新进嫔妃，她对下人也十分关心照护，对皇上更是一心相对。可是，她最后成为后宫中最有权力的人，凭的不单单是善良和智慧，还有善良之外的锋芒。甄嬛，是一个善良且有锋芒的女人，对自己好的人，她也会对人家好，但是对自己不怀好意的人，她会毫不留情地回击。

现实生活中，女性也理应如此，对爱的人要倾心相对，对孩子要善良、宽容，如果所托非人，则要守住自己的底线和锋芒。

有一位女士非常善良，男人三番五次出轨她都选择原谅，她为了维护家的平静，选择了一忍再忍。可是男人并没有因为她的这种宽容而有所收敛，反而明目张胆地把之前的地下情人变成了现实中的一夫二妻。这位女士苦不堪言，但总说孩子不能成为单亲家庭的孩子，选择了默许。

女人的善良需带锋芒，并非为了伤害别人，只是为了保护自己，我们要学会守住自己的底线，让对方知道这条线是跨不过去的。善良是一种立场，更要针对具体事件。不能盲目地就把自己的善良给别人。如果你善良的底线受到了挑衅，你要极力地反击，更不能退缩、妥协、纵容，这样便是是非不分。

只有保持有底线的善良、有原则的善良，才能给自己带来幸福，给家庭带来幸福。

美好婚姻需要互相滋养

有人概括美好婚姻只用了八个字：一屋，两人，三餐，四季。这八个字包含了婚姻中许多的真理：有遮风避雨的暖屋，有执手相伴的两人，有共同举筷的温馨，有四季相守的浪漫。

没有人愿意拒绝婚姻，每一个美丽女子的最后归宿都是找到一个深爱的男人，拥有自己深爱的孩子，这才应该算是一生完美与和谐。有不少人并没有找到这样的婚姻，或者原本以为美好的婚姻会中途夭折，从此变得不再相信爱情，不再相信婚姻。

婚姻如何变得美好，其中有学问。共同成长的婚姻是对彼此的滋养，而互相伤害的婚姻则是对彼此的毁损。好的婚姻是互相需要、互相影响、共同成长，最后互相成就的一个过程。

夫妻之间不是谁服从谁或谁压制谁，而是在不断相处的过程中和对方一起成长。

舒婷的《致橡树》这样描述婚姻关系：我不愿做攀附的凌霄花借你的枝头炫耀自己。我必须是你近旁的一株木棉，作为树的形象和你站在一起。我有我红硕的花朵，你有你的铜枝铁干，我们分担寒潮、风雷、霹雳；我们共享雾霭、流岚、虹霓……我必须是一个独立的我，同时也是支持着你的我，我想只有这样的爱情才有活力，经得起洗礼，符合爱的本质——让彼此成为更好的自己。

夫妻关系不像父母和子女之间那种不对等的单向付出关系。在婚姻中，两个人都要付出才可以一直走下去，才可以收获幸福。如果不付出，对于对方来说，你只是寄生虫，不成长，不爱自己，没有价值，你们的关系就会崩塌。真正好的婚姻关系，是相互赋能，相互滋养，一起活得更好。

如果你只想着让对方包容自己，而对于自己的缺点不愿意承认，更不愿意改正，只要求对方适应，那么婚姻很难幸福。很多有矛盾的夫妻，大多不肯正视各自身上的错误，以一种打死都不改的态度要求对方服软，并接纳和包容。这是一种固执且幼稚的心态。

模范夫妻很多，比如钱锺书和杨绛，有很多文章书写他们的爱情，广为流传的是“有一种爱情叫钱锺书和杨绛”。钱锺书家庭寒素礼节繁多，杨绛的家庭富裕开明，但因为爱，杨绛接受了钱家的礼节，把跪拜看成是一种礼节而已，并没有觉得任何不舒服。钱锺书不会做家务，因为爱，杨绛微笑接纳并且自己来做。因为爱，钱锺书可以一直活成一个孩子的模样，内心单纯，而杨绛就爱他的这种单纯。说杨绛成就了钱锺书，一点也不为过。反过来，钱锺书爱杨绛，坦言她是“最贤的妻，最才的女”。因为爱，钱锺书曾对杨绛说：“从今以后，咱们只有死别，不再生离。”因为爱，不会做家务的钱锺书因为杨绛喜欢吃他做的早点，愣是将做早餐的习惯延续了几十年，热牛奶、煮鸡蛋、烤面包，一做就做了一辈子。

他们就是那种典型的“见了你一面，从此一辈子”，他们就是“爱情中的惺惺相惜，彼此滋养”。

香港作家李碧华曾说：“大概一千万人之中，才有一双梁祝，才可以化蝶。其他只化为蛾、蟑螂、蚊子、苍蝇、金龟子……就是化不成蝶，并无想象中的美丽。”杨绛和钱锺书就是一千万人之中少有的幸运，但所有的幸运都是有前提的。婚姻是相互的，杨绛虽然是少有的贤妻，但钱锺书也是一位心思极为细腻和体贴的人。

所以，当我们审视自己的婚姻时，要想想是相互滋养，还是相互消耗。

一份滋养的婚姻是这样的：

他呵护你的身体，更呵护你的心灵；她宽容你的缺点，更接纳你的短处。

他可以在外霸气而强悍，但从不把火撒在家里；她是外面的女强人，但回到家里却并不指使和命令。

他可以个性犀利、言语尖锐，但有着谦谦君子的风度和修养；她可以美丽动人，人见人爱，但却能够只为他一人盛开。

他能够站在她的角度考虑问题，意见不合时有商有量，发生矛盾后共同成长。她和他共同计划人生，让他能更安心地打拼，而他的温润和睿智，让她对待生活和他人更有爱。她的体贴与关爱，让他对人生更有信心和勇气。不知不觉，这份婚姻就打开了彼此的心胸，他润物细无声的爱就是她最好的护肤品，让她神采飞扬、明艳照人。她涓涓细流般的爱就是他最好的武器，让他所向披靡，无所不能。

消耗的婚姻则是：

他不够疼爱她，或用她不能接受的方式对待她；她也不够爱他，用自己的方式试图改变他。

他逃避责任或是承担不起自己的责任；她不愿意自己成长也不帮着他成长。

他做人做事不够成熟或是在婚姻中表现得不够成熟，她做人做事不够宽容或在生活中斤斤计较，表现得咄咄逼人。

更可怕的是，他意识不到自己的错误或是明知故犯，从来不改。她看不到自己的错误，总想让对方适应自己。于是，平淡琐碎的日子里，她的耐心和激情被不断消耗，如瀑青丝和娇美面容被岁月撕扯，皱纹里刻着压抑和不满，面容憔悴、神色黯淡。他的信心被逐渐消磨，原本的斗志和动力渐渐被生活打败，变得懦弱、虚伪、自私、无力。

美好的婚姻，不是遇到了对的人，而是彼此先成为那个对的人。这世界上本没有对的人，只有在某个时刻合适的人。这个世界上不存在完美爱人，所谓的完美都是某个时间段的完美。而婚姻，永远是动态的平衡。今天的完美，如果放弃经营和制衡，就会变成明天的不完美，那么今天你眼里的“对”，也会成为明天的“错”。不要指望通过他来弥补你生命中的缺失，只有一个完好的自己，一个“对”的自己，一个不断成长的自己，才能吸引与自己匹配的不断成长的另一半。

夫妻不仅要学习沟通的技能，更要修炼自己的内在，然后，尊重对方，相互滋养，共同收获美好的婚姻。

找到和谐美好的“性”福

我们知道有美满和谐的婚姻，也有貌合神离的婚姻，有表面风光的夫妻，也有背地里苦不堪言的夫妻。不幸福婚姻的原因之一来自“性”的不和谐。

托尔斯泰说过“幸福的家庭都是相似的，不幸的家庭各有各的不幸”，幸福的家庭当然有着许多的幸福元素，但性生活的和谐一定是重要的元素。而不幸的家庭，许多问题都出在性的不和谐上。有专家统计，百分之六七十的离异家庭，或者夫妻感情不和，都是因为性生活不和谐。很多夫妻是“站在幸福的婚姻里，呼唤‘性’福”。

在合法合理的关系里，婚姻与其他关系最大的不同，就是有“性”。但是，光有性，只是动物性的逐欢，也会因为单薄和脆弱，无法长久。光有情，光有理解和包容、支持和分享，那更像一种纯度更高的友谊，那不是爱情，只是友情。就婚姻的本质而言，只有温暖的情 + 和谐的性才是健康和长久的。

性，本身具备多重意义，在生物学方面，是繁殖和延续生命的途径，是人与生俱来的本能和天性；在心理学层面，是放松和补偿，是彼此之间最私密却又最高贵的存在；在社会层面，是升华了的人际关系，没有任何人际关系能超越夫妻关系。

不夸张地说，婚姻是否和谐，很大程度上建立在性的和谐上。性学研究表明，性和谐的婚姻，一般都比较稳定，即使偶尔产生矛盾或纠纷，亦可化作枕边絮语；相反，性不和谐的婚姻，充其量只是死水微澜，最终会因为在这方面的不和谐导致更多的不和谐。

在快乐的婚姻里，性只贡献了 15% 的幸福感，而在不幸福的婚姻中，却有 85% 的不满意来自性。和谐的性生活，是长久以及良好婚姻的保证。所以，如果配偶之间，一方或双方长期处于性不和谐的情况，从而出轨，那么双方都有不可推卸的责任。

那么，如何让幸福的婚姻不去触碰这块“礁石”呢？

首先，提升彼此的性修养。

性不单纯是两个人的鱼水之欢，更应该是一种修养。为什么要把“性”看成是一种修养呢？心与心的契合，才是性和谐的关键。比如妻子抱怨丈夫，“丈夫只给我一点点爱，却给了我许多性，而且还是那么蹩脚的性”。丈夫抱怨妻子，“不解风情，性冷淡，抱在怀里像是一条死鱼，情趣顿失。”这样的角色扮演和性期待将严重限制婚内性满足。之所以丈夫或妻子发出这样的抱怨和牢骚，在于夫妻双方都把“性”当成了义务，而没有当成爱的升华，没有当成彼此心灵的契合。所以，性修养高的人，一定知道性是灵与肉的结合，是情与爱的归宿，是彼此之间心与心的贴合与交流。

其次，不能放任自己变老变丑变胖。

之所以形容有魅力的男人和女人要用“性感”一词，是因为性的感觉来自对方是否具备“魅力”。试想一个画面，如果丈夫看到了身材匀称如出水芙蓉的妻子，体内一定会有洪荒之力。反过来，如果丈夫看到的是水桶腰，不但不风情万种而且还牢骚满腹，那么纵有千般需求也会偃旗息鼓。女人看丈夫也是如此，男人把自己吃成了大腹便便的胖子，失去了风度翩翩，左看像大叔右看成大爷，妻子也肯定提不起“性”趣。

所以，放任自己变老、变丑、变胖是对配偶的不负责任，也是对“性”的不负责任。

大自然中，动物求偶还需要拿出点儿真本事呢。夫妻之间有一方放任自己变老变丑，不注意身材也不注意脸，不但不会让“性”福长久，还会有“红杏出墙”的危机。

随着社会的发展，很多人意识到“性”的重要性、私密的重要性，所以求助于医疗机构进行私密保养和魅力重塑的人越来越多，这是真实的需求。

女人要学会实实在在地疼爱自己，这并没什么难以启齿的。从某种意义上说，私密保养和面部整形一样，都是为了提高生活品质，愉悦身心。女人容颜和乳房是否娇美取决于她是否健康。如果容颜是花、乳房是叶，那么女性生殖方面的健康就是女人的根。所以，不管用身心修炼来达到静心养性，还是用科技医疗手段达到返老还童，都是对自己也是对另一半的尊重。

最后，科学客观地看待“性”。

《礼记》里讲“饮食男女，人之大欲存焉”，意在说明，人的生命不离两件大事：饮食，男女。前者是生活的问题，后者是性的问题。

如何看待性与爱？这个话题一直以来我们避而不谈。那时候说起“爱”这个字的时候都会觉得有点别扭，很多人更是谈性色变，但是随着文明的进步和人们思想的开放，特别是当我们碰到越来越多有关性与爱的心理问题的时候，坦诚地沟通、交流并寻求最佳的解决方案成为我们的上上之选。

性是一门科学，需要学习。对于性，不高深莫测，也不黄冷暴力，我们只把它当成一种正常又健康的生理需求即可。如果是生理上有了问题，就要积极借助医疗手段来干预，如果是心理上有了问题，可以及时找心理专家疏通和改善。当生理和心理都处于健康的状态时，夫妻才能有“性”福可言，也才能找到男女双方的和谐关系。

性爱是男女间彼此疼爱、情感交流的方式，在对方享受性爱的同时，自己也会获得极大的欢悦。拥有健康、适度性生活的女人，常常表现为体态丰盈，有满足感，且不易衰老。而且，和谐的性爱可以使人身心健康，而身心健康的人总是长寿的。

好好珍惜美好幸福的生活，也要认真对待和谐美好的“性”福，如此才能达到和谐平衡的人生状态。